CCF GESP C++编程
一级二级高分攻略

执理教研中心　组织编写

卢　翼　编著

清华大学出版社
北京

内 容 简 介

本书专为零基础学习 C++编程的读者编写,系统涵盖 GESP 等级考试一级与二级的知识点。从输入/输出到循环结构,每个知识点均设有独立章节,并辅以大量示例与深入解析,满足课堂教学与课后巩固的需求。

本书由拥有多年一线教学经验的教师团队精心编写,基于长期的教学实践并紧扣当前考试动向,既为学生提供系统的知识梳理,也为教师提供专业的教学支持。

除正文内容,本书还配套提供了 GESP 一级和二级的试题资源,包含详尽解析及示例代码。

无论是备考 GESP 的初学者,还是参与信息学奥赛教学的一线教师,本书都是理想的学习资料与教学辅助。

图书在版编目(CIP)数据

CCF GESP C++编程一级二级高分攻略 / 执理教研中

心组织编写;卢翼编著. -- 北京:清华大学出版社,

2025.6. -- ISBN 978-7-302-69476-2

Ⅰ. TP312.8

中国国家版本馆 CIP 数据核字第 2025JT0306 号

责任编辑:贾小红
封面设计:秦　丽
版式设计:楠竹文化
责任校对:范文芳
责任印制:沈　露

出版发行:清华大学出版社
　　　　网　　址:https://www.tup.com.cn, https://www.wqxuetang.com
　　　　地　　址:北京清华大学学研大厦 A 座　　　　邮　　编:100084
　　　　社 总 机:010-83470000　　　　　　　　　　邮　　购:010-62786544
　　　　投稿与读者服务:010-62776969, c-service@tup.tsinghua.edu.cn
　　　　质量反馈:010-62772015, zhiliang@tup.tsinghua.edu.cn
印 装 者:三河市龙大印装有限公司
经　　销:全国新华书店
开　　本:188mm×260mm　　　　印　　张:14.25　　　字　　数:261 千字
版　　次:2025 年 7 月第 1 版　　　　　　　　　　印　　次:2025 年 7 月第 1 次印刷
定　　价:69.80 元

产品编号:111011-01

前 言

我曾是一名成绩普通的学生，但在初中时有幸遇到了一位信息学奥林匹克竞赛教练。她的指导不仅为我指明了方向，还让我逐渐找回自信，掌握了适合自己的学习方法。如今，我希望更多学生能像我一样，接受优质的计算机教育，找到方向、增强信心。同时，我期待有更多教师能成为像我教练那样的引路人——具备扎实的专业知识，为学生提供清晰的学习路径和高效的学习方法。基于这些愿望，我参与创立了执理（天津）教育科技有限公司，并以此为动力带领执理教研中心开发相关产品。

非常荣幸向您介绍这本《CCF GESP C++编程一级二级高分攻略》。在开发教学资源和授课过程中，我们始终在思考一个问题：什么样的教材最适合学生？为此，我们精心设计课件，系统整理知识框架，并精选了一系列典型练习题。然而，我们发现许多学生难以完全掌握课堂讲解的内容。例如，老师用 20 分钟讲解的知识点，学生可能只理解了前 10 分钟的内容，后续部分则因些许疑惑而无法跟上。

鉴于此，我们认为有必要编写一本教材，帮助学生预习、学习和复习。为应对信息学奥林匹克竞赛入门难的问题，我们总结了教学经验：首先精简知识点，将 20 节入门课程浓缩为 20 张知识卡片；然后通过丰富的实例和大量练习题充实内容，形成教学讲义；最后精选讲解与练习材料，编撰为本书。

本书旨在为初学者提供信息学奥林匹克竞赛的入门指导，涵盖 C++基础语法及基本算法概念。每个知识点均配有编程例题、选择题和填空题，并包含编程能力等级认证（grade examination of software programming，GESP）真题及基于教学经验的例题。

此外，GESP 为学生每季度提供一次检验学习成果的机会。相比每年仅有一次的信息学奥林匹克竞赛，GESP 的考试频率更高，缩短了检测周期，减轻了教学压力，并能更直观地反映教学效果。感谢 GESP 的支持，我推荐各位学生和教师围绕 GESP 开展教学活动。

最后，我想谈谈如何准备信息学奥林匹克竞赛，其核心在于"通悟"。信息学奥林匹克竞赛是一门融合数学与编程的竞赛，考查学生扎实的数学能力和高强度下的编码能力。GESP 与 CSP-J（certified software professional-junior）的知识点难度适中，重点在于考查学生解构问题的能力。具体来说，学生需要做到以下几点。

- ☑ 理解题目的要求。
- ☑ 理解自己编写的代码。

- ☑ 理解算法的目标及其实现方法。
- ☑ 掌握每个技巧的核心要点。

因此,训练的重点可以分为四个方面:数学题的解题能力、复杂代码的编写能力、理解与表达能力,以及灵活运用技巧的能力。针对这四个方面,我们可以通过以下具体方法进行训练。

- ☑ 通过手动计算每一道题目来提升解决问题的计算能力。
- ☑ 编写复杂的代码和高封装度的模拟程序以增强编码能力。
- ☑ 写注释、写总结,清晰地表达每一步的操作,提高表达能力。
- ☑ 积累优秀的题目和解决方案,形成自己的"解题库"。
- ☑ 补充思考题与数学题的解题技巧积累,也就是多做数学题。

我知道这些方法实践起来会有些困难,尤其对于习惯传统学习方式的同学来说。以往的学习可能缺乏主动性,未能积极地推进和解决问题。重要的是,信息学奥林匹克竞赛的学习不仅需要老师的指导,还需要自身的主动探索和解决问题的能力。

悟道需独行,心明见本真。

送大家一段在编著本书时,大语言模型辅助我编写的一句诗词:日复一日磨练意,月随月去积劲深。日日夜夜无怠慢,耐得寂寞见真金。

本书为读者配备了以下资源与服务。

安装软件与
程序调试

- ☑ 配套软件的安装、使用说明以及代码调试方法。
- ☑ 与本书内容对应的编程练习题及参考答案。

在本书的编写过程中,尽管我们力求完美,但由于时间紧迫,书中可能仍存在疏漏和不足之处。我们诚挚地希望各位尊敬的教师、亲爱的同学以及广大读者在阅读过程中不吝赐教,提出宝贵的意见和建议,以便我们在未来的修订中能够不断完善和提升本书的质量。

编程练习题

卢翼(uncle-lu)
2025.6.17 于天津

目 录

第二部分　选择结构

第1章 GESP 等级认证

GESP 由中国计算机学会（CCF）发起并主办，旨在为青少年计算机和编程学习者提供学业能力验证的平台。GESP 考核内容涵盖图形化编程、Python 编程及 C++编程，评估学生对相关编程知识的掌握程度和实际操作能力。通过设定不同等级的考试目标，GESP 帮助学生从编写简单程序逐步提升到复杂程序设计的能力，为后续的专业编程学习奠定坚实基础。图形化编程认证分为一至四级，而 Python 和 C++编程认证则分为一至八级。

GESP 每年举行四次认证考试，时间分别安排在 3 月、6 月、9 月和 12 月。每位考生每次可报名参加一门语言的一个等级考试。这种安排有助于学生按自己的节奏稳步提升编程技能。

【2024 年 6 月 1 级真题】小杨的父母带他到某培训机构报名参加 CCF 组织的 GESP 认证考试的第 1 级，那他可以选择的认证语言有（　　）种。

A. 1   B. 2   C. 3   D. 4

本书将围绕 GESP 中 C++认证一级与二级的知识点，向同学们逐步展开信息学奥林匹克竞赛的篇章。

1.1 推荐参加 GESP 的原因

初学编程者，无论选择自学还是课堂学习，都需要一种方式来检验学习成果。GESP 认证作为阶段性的测评工具，能够有效反馈学生近期的学习情况，帮助他们发现不足并及时改进。通过这种方式，学生可以更有针对性地提升编程技能。

GESP 认证与 CSP-J/S 认证相衔接。对于 GESP 七级成绩≥80 分或八级成绩≥60 分的学生，可以申请免试 CSP-J 的第一轮认证，直接参加 CSP-J 的第二轮认证。对于 GESP 八级成绩≥80 分的学生，可以申请免试 CSP-S 的第一轮认证，直接参加 CSP-S 的第二轮认证。

1.2 GESP 认证大纲

以下为 GESP 中对于 C++编程语言规定的等级认证大纲。

一级：计算机基础与编程环境，计算机历史，变量的定义与使用，基本数据类型（整型、浮点型、字符型、布尔型），控制语句结构（顺序、循环、选择），基本运算（算术运算、关系运算、逻辑运算），输入/输出语句。

二级：计算机的存储与网络，程序设计语言的特点，流程图的概念与描述，ASCII 编码，数据类型转换，多层分支/循环结构，常用数学函数（如绝对值函数、平方根函数、max()函数、min()函数）。

三级：数据编码（原码、反码、补码），进制转换（二进制、八进制、十进制、十六进制），位运算（与（&）、或（|）、非（!）、异或（^）、左移（<<）、右移（>>）），算法的概念与描述（自然语言描述、流程图描述、伪代码描述），C++一维数组的基本应用，字符串及其函数，算法（枚举法、模拟法）。

四级：函数的定义与调用，形参与实参、作用域，C++指针类型的概念及基本应用，函数参数传递的概念（值传递、引用传递、指针传递），结构体，二维数组与多维数组基本应用，算法（递推、排序概念和稳定性、排序算法（冒泡排序、插入排序、选择排序））、简单算法复杂度的估算（含多项式、指数复杂度），文件重定向与文件读写操作，异常处理。

五级：初等数论，数组模拟高精度加法、减法、乘法、除法，单链表、双链表、循环链表，辗转相除法（也称欧几里得算法），素数表的埃氏筛法和线性筛法，唯一分解定理，二分查找/二分答案（也称二分枚举法），贪心算法，分治算法（归并排序和快速排序），递归，算法复杂度的估算（含多项式、指数、对数复杂度）。

六级：树的定义、构造与遍历，哈夫曼树，完全二叉树，二叉排序树，哈夫曼编码，格雷编码，深度优先搜索算法，广度优先搜索算法，二叉树的搜索算法，简单动态规划（一维动态规划、简单背包问题），面向对象的思想，类的创建，栈、队列、循环队列。

七级：数学库常用函数（三角函数、对数函数、指数函数），复杂动态规划（二维动态规划、动态规划最值优化），图的定义及遍历，图论基本算法（图的深度优先遍历、广度优先遍历、泛洪算法），哈希表。

八级：计数原理，排列与组合，杨辉三角，倍增法，代数与平面几何（初中数学部分），图论算法及综合应用（最小生成树、单源最短路），较复杂算法的空间复杂度和时间复杂度，算法优化。

1.3　报　名　流　程

GESP 可以通过官方网站或微信公众号进行报名。官方网站的报名流程如下。

（1）使用浏览器访问官方网站，网址为 https://gesp.ccf.org.cn/。

（2）单击官方网站页面中的"报名考试"，如图 1.1 所示。

（3）选择开放报名的认证项目，单击"认证报名"，如图 1.2 所示。

（4）登录或注册账户，如图 1.3 所示。

（5）按要求填写个人信息，选择编程语言为 C++，并报名相应的等级。

（6）进入报名信息确认页面，核对信息无误后进行缴费。

（7）等待审核通过并分配考场。

（8）认证前的 5 个工作日内打印准考证。

图 1.1

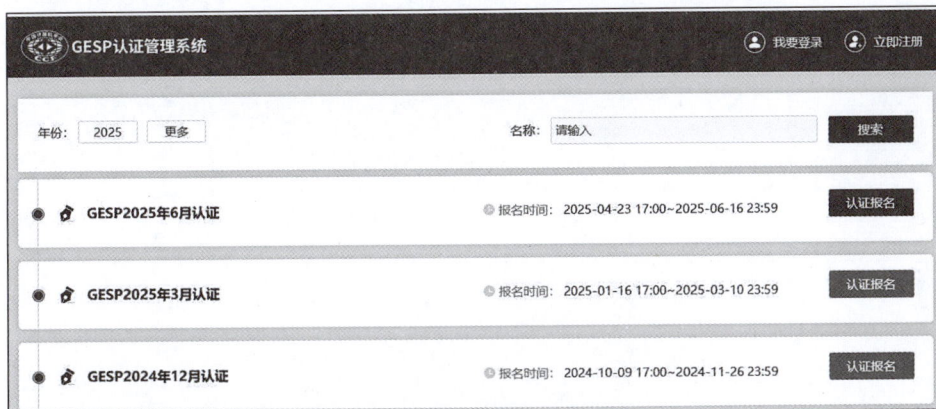

图 1.2

图 1.3

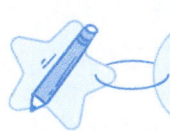

第一部分

顺序结构

本部分主要围绕两个核心主题：程序结构与数据。

在 C++ 程序设计中，程序结构至关重要。它定义了程序的执行入口、控制流程以及终止条件。在编写第一个程序之前，理解这些基本概念是必要的。

数据是计算机科学的核心要素。在数字化环境中，所有信息都可以表示为数据。我们需要掌握数据类型、存储机制以及操作方法。

本部分知识框架如下。

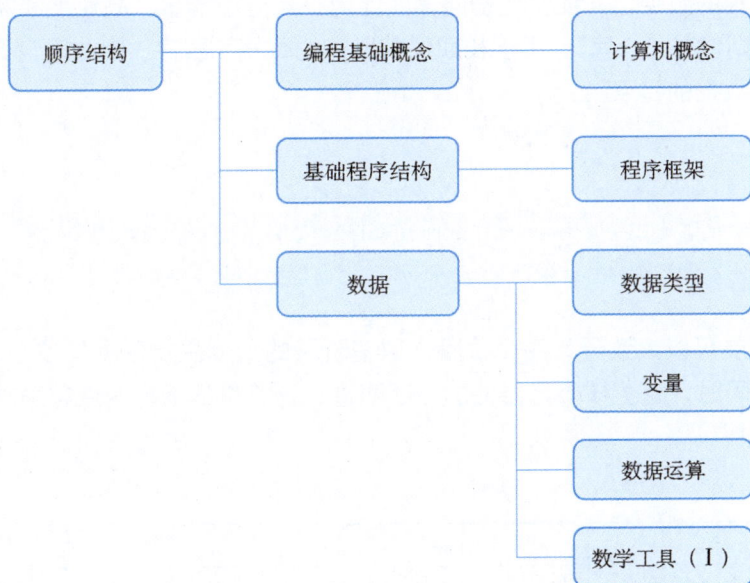

```
顺序结构 ─┬─ 编程基础概念 ── 计算机概念
          │
          ├─ 基础程序结构 ── 程序框架
          │
          └─ 数据 ─┬─ 数据类型
                   │
                   ├─ 变量
                   │
                   ├─ 数据运算
                   │
                   └─ 数学工具（Ⅰ）
```

第 **2** 章　认识"神秘"的计算机

2.1　什么是计算机

计算机是一种专门用于执行计算任务的电子设备。它已广泛应用于社会生产和生活各个领域，例如：智能手机支持移动通信和应用程序运行，笔记本电脑提供便携式计算能力，工业控制计算机则用于自动化生产设备的监控与管理。

日常使用的计算机由哪些硬件设备构成？列举如下。

（1）键盘、鼠标或触控板：这些是计算机的输入设备，用户可以操作它们来控制计算机。

（2）显示器：计算机的输出设备，用户可以通过显示器查看计算机显示的信息，包括聊天消息、文档或程序等。

（3）CPU（中央处理单元）：计算机的运算器和控制器，通常被称为计算机的"大脑"。

（4）内存：计算机的存储器，为 CPU 提供高速数据访问，支持程序运行和系统操作。

（5）硬盘：计算机的存储设备，用于长期存储大容量的数据，如文件、程序和操作系统。

内存与硬盘都是计算机的存储器，它们之间有何区别？内存就像计算的"工作台"，用于存放当前需要处理的数据，方便快速访问，因此内存具有小容量、高速度和断电后丢失数据的特点；而硬盘则像是"仓库"，用于长期保存所有的数据和程序，因此硬盘具有大容量、低速度和永久保存数据的特点。

知识补充

电子数值积分计算机（electronic numerical integrator and computer，ENIAC）是世界上第一台通用（电子）计算机，占地面积约 170 平方米，重达 27 吨，使用了 17468 根真空电子管。

计算机的发展可以大致分为四个阶段，这些阶段的划分主要依据其核心元器件的不同，如表 2.1 所示。同时，随着核心元器件的不断演进，计算机的运行速度越来越快，体积也变得越来越小。

表 2.1

阶　　段	年　　代	核心元器件	特　　点
第一代	1946—1958 年	真空管	以商用计算机出现为主要特征，体积庞大
第二代	1959—1964 年	晶体管	缩小计算机体积，节省成本
第三代	1965—1970 年	集成电路	进一步降低了计算机的空间占用和成本
第四代	1970 年—至今	大规模集成电路	微型计算机出现，1975 年出现了第一台桌面计算机

2.2　编程相关概念

计算机程序是一组能够被计算机识别和执行的指令集合，运行于电子计算机上，旨在满足特定需求的信息化工具。它能够处理输入数据并生成相应的输出结果。例如，常见的通信软件（如 QQ 或者微信）本质上都属于计算机程序。

编程语言是用于编写程序的语言，描述程序运行逻辑，使程序按照既定的规则运行。常见的编程语言有 C、C++、Python、Java、JavaScript、Rust 等。本书主要讲解 C++语言，由于 C++语言完全兼容 C 语言，因此书中也会介绍部分 C 语言知识与技巧。C++语言是一门高级编程语言，因此要让计算机执行 C++语言的代码，需要进行"编译"。

编译是将代码文件变成计算机程序的过程。计算机无法直接执行 C++代码，因此需要使用编译器将其转换为可执行程序，编译器就是计算机的"翻译官"。程序文件也叫作"可执行文件"，是由计算机能够理解的低级机器语言组成的。因此，编译过程不仅是生成可执行程序的过程，还是高级编程语言转换为低级机器语言的过程。

文件是存储数据的基本单位，也是承载数据的容器。如果将数据比作纸张，那么文件就是存放纸张的文件袋。在计算机系统中，所有数据均以文件的形式存储。

每个文件都有一个唯一的文件名，类似书架上存放的各种书籍。硬盘中也存储着各种类型的文件，通常使用文件扩展名来区分不同的文件格式，示例如下。

- ☑ *.txt：文本文件。在 Windows 操作系统中，可以使用记事本打开。
- ☑ *.docx：由 Microsoft 公司开发的一种文档文件，可以使用 Microsoft Word 或 WPS 软件打开。
- ☑ *.exe：Windows 系统中的可执行文件。这是操作系统可以直接执行的程序。
- ☑ *.cpp：C++语言源代码文件。后续的学习和编程实践将基于此类文件进行编写。

2.3　练　　习

2.3.1　选择题

1. 下列哪个选项正确描述了计算机的发展历史？（　　　）
   - A. 电子管→晶体管→集成电路
   - B. 电子管→电容→晶体管
   - C. 晶体管→电阻→电容
   - D. 晶体管→电子管→集成电路
2. 以下哪个设备不属于计算机的输入设备？（　　　）
   - A. 麦克风
   - B. 键盘
   - C. 显示器
   - D. 鼠标
3. 以下哪个英文缩写代表中央处理器？（　　　）
   - A. CPU
   - B. GPU
   - C. APU
   - D. HTML

4. 以下哪个计算机部件用于临时存储数据？（　　　）

　　A. 硬盘　　　　　　B. 内存　　　　　　C. 显示器　　　　　　D. 键盘

5. 以下哪个存储设备的读写速度更快？（　　　）

　　A. 内存　　　　　　B. 硬盘　　　　　　C. 键盘　　　　　　D. 显示器

6. 以下关于编译的描述，错误的是（　　　）。

　　A. 编译是指将代码文件转换为可执行文件

　　B. C++语言代码文件需要先编译再执行

　　C. 编译是指将低级机器语言转换为高级编程语言

　　D. 编译是指将高级编程语言转换为低级机器语言

7. 以下关于计算机程序的描述，错误的是（　　　）。

　　A. 计算机病毒是一种恶意的计算机程序

　　B. 计算机程序可以处理信息

　　C. 计算机程序可以没有输入

　　D. 计算机程序可以不按照编写的代码执行

8. 以下哪个文件后缀表示该文件是纯文本文件？（　　　）

　　A. *.txt　　　　　　B. *.exe　　　　　　C. *.cpp　　　　　　D. *.jpg

9. 在 Windows 操作系统中，C 语言代码编译后生成的可执行文件后缀为（　　　）。

　　A. *.txt　　　　　　B. *.exe　　　　　　C. *.cpp　　　　　　D. *.jpg

10.【2023 年 9 月 1 级】我们通常说的"内存"属于计算机中的（　　　）。

　　A. 输出设备　　　　B. 输入设备　　　　C. 存储设备　　　　D. 打印设备

11.【2024 年 3 月 1 级】在 Dev-C++中，将一个写好的 C++源文件生成一个可执行程序，需要执行下面哪个处理步骤？（　　　）

　　A. 创建　　　　　　B. 编辑　　　　　　C. 编译　　　　　　D. 调试

12.【2024 年 6 月 1 级】ENIAC 于 1946 年投入运行，是世界上第一台真正意义上的计算机，它的主要部件都是（　　　）组成的。

　　A. 感应线圈　　　　B. 电子管　　　　　C. 晶体管　　　　　D. 集成电路

13.【2024 年 9 月 1 级】据有关资料，山东大学于 1972 年研制成功 DJL-1 计算机，并于 1973 年投入运行，其综合性能居当时全国第三位。DJL-1 计算机运算控制部分所使用的磁心存储元件由磁心颗粒组成，设计存储周期为 2μs（微秒）。那么该磁心存储元件相当于现代计算机的什么部件？（　　　）

　　A. 内存　　　　　　B. 磁盘　　　　　　C. CPU　　　　　　D. 显示器

2.3.2　判断题

14.（　　　）【2023 年 12 月 1 级】小理最近在准备考 GESP，他使用 Dev-C++来练习和运行程序，所以 Dev-C++也是一个小型操作系统。

15.（　　　）【2023 年 9 月 2 级】C++是一种高级程序设计语言。

第 3 章 初学者的第一个程序

在经典编程书籍《C 程序设计语言》中，首次提到了输出 "Hello World!" 的示例程序。此后，"Hello World!" 程序在某种意义上成为学习计算机编程的起点。如今，这一程序已经成为所有程序设计语言入门的第一个示例。

接下来，让我们一起来学习第一个程序 "Hello World!"。

读者可以通过以下网址获得编程软件及在线平台：https://code-edu.net。此外，软件的具体安装步骤也可以通过扫描本书前言中提供的二维码进行查阅，建议大家在安装前仔细阅读操作说明，以确保顺利使用。

3.1 第一个程序

编写 C++代码，使其能够输出 "HelloWorld!"。参考代码如下。

```
1  #include <cstdio>
2  int main() {
3      printf("HelloWorld!");
4      return 0;
5  }
```

学习一门语言的唯一有效途径就是实践。首先，将上述代码输入 Dev-C++软件中，单击"编译运行"。在理解代码之前，让我们编写的程序运行起来。

接下来，我们逐行解释第一个程序中每一行代码的作用与意义。

第 1 行　#include <cstdio>

引用头文件，可理解为导入工具包。在英文中，include 意为"包含"，在 C++中，#include 是文件包含指令。第 3 行中的 printf()是一个提供输出功能的函数，它定义在 cstdio 头文件中。因此，在使用 printf()之前，必须引用 cstdio 文件。cstdio 是缩写，全称 C++ standard input and output，即 C++标准输入输出头文件。

第 2 行　int main()

主函数，是程序的入口。在英文中，main 意为"主要的"。在 C++中，main()主函数是程序的起始点，所有可执行程序必须有且只有一个 main()函数。int 是 integer（整数）的缩写。

第 2 行与第 5 行　{ ... }

一对花括号将多条语句括在一起，构成一条复合语句。花括号就像一个包裹，将语句打包在一起。复合语句也称为程序块、语句块或代码块。

第 3 行 printf("HelloWorld!");

在英文中，print 意为"打印"，f 是 format（格式）的缩写。printf()是 C 语言标准库中的格式化输出函数，C++为了兼容 C 语言而支持使用。双引号中的内容是格式控制字符串。运行程序后，会弹出一个控制台窗口（或命令行窗口），并在其中输出"HelloWorld!"。

第 4 行 return 0;

在英文中，return 意为"返回"，在 C++中是返回语句。在主函数中，执行返回语句就是终止程序。

C++编程语言有着固定的语法格式，必须包括头文件和主函数。编程语言科学家专门设计这些语法结构，方便我们表达逻辑，描述程序执行步骤。编译后的可执行文件会严格按照我们编写的逻辑执行。

C++代码从主函数开始，从上往下，从左往右，依次执行每一条语句。"语句"是程序执行的基本单元，在代码中一条语句就是一个操作。分号（;）是语句结束符，代表语句的结束。例如，第一个程序的第 3 行代码（输出函数构成的语句）与第 4 行代码（返回语句）都是语句，因此结尾均有分号。

那复合语句呢？复合语句也是语句，为什么没有看到第 5 行代码后有分号？右花括号用于结束复合语句，已经拥有表达语句结束的含义，因此其后不需要加分号。

【例题】下列关于主函数的描述，正确的是（　　　　）。

        A. 一个程序可以没有主函数

        B. 主函数是程序最后执行的函数

        C. C 语言中主函数必须在代码文件的开头

        D. 主函数的函数名为 main()

【答案】D

【解析】A 选项错误，一个程序必须有主函数；B 选项错误，主函数是程序执行的起点；C 选项错误，主函数可以在代码文件的任意位置。

3.2　编 译 报 错

在 Dev-C++软件中，单击"编译运行"可能未能成功运行程序。代码编辑器中可能会出现红色的代码行，行号前有一个圆圈错误符号，如图 3.1 所示。这种情况说明代码存在语法问题，编译器无法理解你编写的代码。你需要修正这些错误。

因此，识别代码中的错误行至关重要。编译器会高亮显示错误的行，并在输出窗口提供相应的错误信息。如图 3.1 所示，错误提示信息为 "[Error] expected ';' before 'return'"，中文含义为"[错误]在'return'之前缺少';'"。这表明在第 4 行之前缺少分号，因此需要在第 3 行的 printf() 语句末尾添加分号。

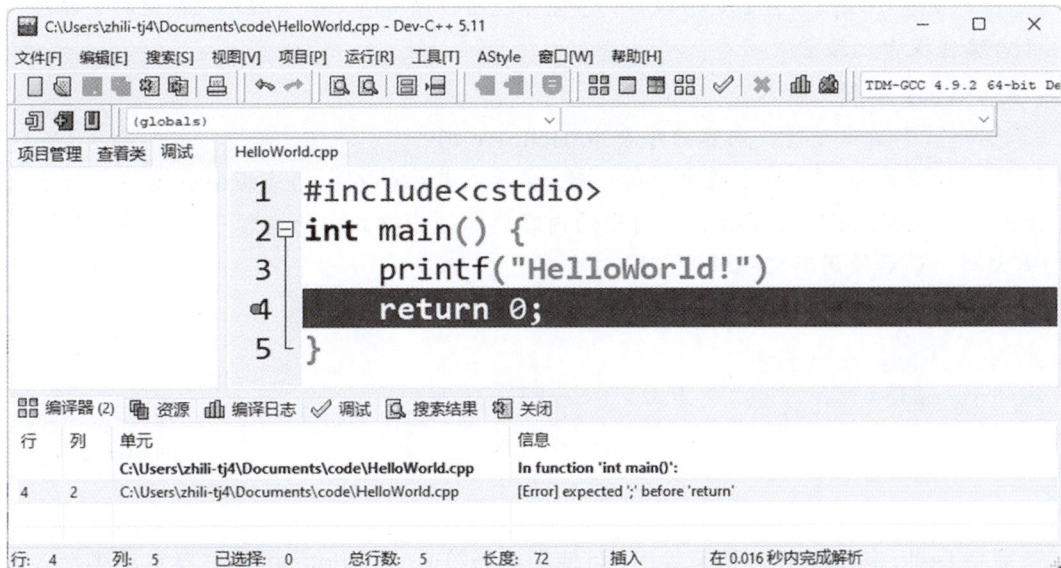

图 3.1

以下列举一些初学者可能遇到的问题。

☑ 第 1 行报错，报错信息为 "invalid preprocessing directive #incldue"，原因可能是将 #incldue 拼写为 include。

☑ 第 2 行报错，报错信息为 "undefined reference to 'WinMain'"，原因可能是将 main 拼写成为 mian。

☑ 第 3 行报错，报错信息为 "'print' was not declared in this scope"，原因可能是 printf 拼写错误，将 printf 拼写为 print。

在编程过程中，编译器的报错信息提示了代码中存在的具体问题。因此，分析报错信息是调试代码的首要步骤。通过仔细分析这些信息，初学者可以更快地定位并解决代码中的错误。

3.3 编程练习与在线评测

本书提供在线测评平台（网址为 https://code-edu.net），初学者可以将书中每个例题与练习题的程序提交至平台，平台会使用题目独有的输入和输出数据，编译提交程序进行检测。

当程序正确并且能实现题目要求时，平台会显示 AC。当输入内容与标准答案不符合时，平台会显示 WA。

编程练习时，题目中一般会给定【题目描述】、【输入格式】和【输出格式】，这三部分分别阐述题目的故事背景、规定代码输入数据的格式、输出数据的格式。解答编程题一般需要完成一个涵盖输入、处理和输出的完整程序流程。

后续将详细讲解如何输入、输出以及处理数据，下面先来看两个编程例题。

【编程例题】你好小理。

【题目描述】小理刚学会 C/C++ 编程，希望你能用程序员的第一个程序来向他打个招呼，帮助他开启编程探索之旅。

【输入格式】本题无输入。

【输出格式】输出一行，内容为字符串"HelloWorld!"。

【解析】这是同学们学习旅程中的第一题，需要在基础的 C++ 语言框架中编写一条输出语句，输出"HelloWorld!"。需要注意，输出的内容要与输出格式中的内容一模一样，其中 H 和 W 均需大写，最后使用英文感叹号"!"。

【代码实现】

```
1  #include <cstdio>
2  int main() {
3      printf("HelloWorld!");
4      return 0;
5  }
```

样例输入	样例输出
无	HelloWorld!

若需将 Hello 和 World 分两行输出，可使用换行符\n。在 printf() 的格式字符串中插入\n，输出内容将在该位置换行。例如：printf("Hello\nWorld");。

【编程例题】小理三角形。

【题目描述】小理最近刚开始学习 C/C++ 编程。现在，他希望使用星号*绘制一个等腰三角形，要求底边长为 5 个星号，高为 3 行。

【输入格式】此题目无须输入。

【输出格式】输出三行。一个由星号*构成的等腰三角形。该三角形的高度为 3 行，底边包含 5 个星号。请参考下面提供的样式示例。

【解析】通过观察可以发现输出一共三行：第一行为两个空格一个星号，第二行为一个空格三个星号，第三行为五个星号。编写输出语句，严格按照要求描述输出内容："两个空格一个星号；一个换行符；一个空格三个星号；一个换行符；五个星号。"

【代码实现】

```
1  #include <cstdio>
2  int main() {
3      printf("  *\n ***\n*****");
4      return 0;
5  }
```

样例输入	样例输出
无	* *** *****

✿ **知识补充**

计算机存储数据的最小单位是位（bit，缩写为 b），位表示一个二进制位。在早期计算机中，1 个位表示 1 个电子元器件的开关状态，通电时值为 1，断电时值为 0。

计算机数据处理的基本单位是字节（Byte，缩写为 B），其中 1 字节为 8 个二进制位，即 1B=8b。

3.4　练　　习

3.4.1　选择题

1. 下列关于主函数的描述，错误的是（　　）。
   A. 主函数是 C++程序的入口
   B. 主函数是程序最后执行的函数
   C. 主函数的 return 0;语句执行后程序结束
   D. 主函数的函数名为 main

2. 对于#include<cstdio>的作用，下列描述正确的是（　　）。
   A. 引用 iostream 文件中的代码　　　　B. 引用 cstdio 文件中的代码
   C. 引用 cmath 文件中的代码　　　　　D. 复制 cstdio 文件

3. 下列哪条语句的作用是输出 ABC?（　　）
   A. printf("ABC");　　B. return 0;　　　C. printf("AbC");　　　D. #include<cstdio>

4. 下列哪个选项能将 hello 和 world 分两行输出?（　　）
   A. printf("hello world");　　　　　　B. printf("hello\nworld");
   C. printf("hello\\world");　　　　　D. printf("Hello\nWorld");

5. 【2023 年 3 月 1 级】计算机系统中存储的基本单位用 B 来表示，它代表的是（　　）。
   A. Byte　　　　　　B. Block　　　　　C. Bulk　　　　　　D. Bit

3.4.2　判断题

6. （　　）\n 表示的意思是空格。

7. （　　）语句的结束标志是句号。

8. （　　）如果语句中的括号或分号使用了中文的标点符号，编译的时候会报错。

3.4.3　填空题

9. 请将下面代码补全，使该代码编译运行后可以输出"PJ-A"。

```
1  #include<___1___>
2  int main()
3  {
4      __2__("PJ-A")_3_
5      return__4__;
6  }
```

10. 代码中用花括号括住的部分又称_____，可以包含多条语句。

11. 一条语句结束后，以_____作为结尾。

第4章 学习旅途中的伙伴——数据

计算机是一种擅长处理数据任务的高性能设备。在日常生活中，数据是信息的表现形式，可以是数字、文字、图片、声音等。在编程中，数据以数值的形式存在。如何在程序中存储数据？我们需要提前熟悉两个概念：数据类型与变量。

将数据比作饼干，数据类型则类似饼干的形状，各有其特定的形式。圆形饼干装在圆形盒子中，方形饼干装在方形盒子中，不能将圆形饼干装在方形盒子中，反之亦然。圆形饼干和方形饼干类型不同，需要的容器也不同。

同样地，每种数据类型都需要与之匹配的变量来存储，确保同类数据存放在统一的容器内。不同类型的数据，所需要的容器也不同，存储同一数据类型的容器是统一的。上述示例中，饼干的圆形与方形指数据类型，装饼干的带形状的盒子指变量。

4.1 数 据 类 型

数据存在多样化的表现形式，通过对其进行分类整理，将具有相似特征和结构的数据汇聚在一起，便形成了所谓的数据类型。

数据类型规定了数据在计算机中的存储格式。对于不同类型的数据，计算机采用不同的结构与空间进行存储。例如，范围小的整数归类为整数类型，范围大的整数归类为长整数类型，小数归类为浮点类型，符号归类为字符类型。

在 C++语言中，我们学习的第一个数据类型是整数类型——int。

整数类型：简称整型。integer 是整数的英文单词，在 C++语言中使用 int 来表示整型。在[-2147483648,2147483647]范围内的整数均为 int 类型。例如：-4，76，0，2147483647。

4.2 变 量

变量是程序中存储数据的容器。字如其名，变量是指"可以改变的量"。与变量相对的量称为常量，指在代码中出现的固定不变的量，一般是直接写在代码中固定的数值。在 C++代码中，变量的处理主要包括三个步骤：定义、赋值和使用。

在日常生活里，当我们想要喝水时，首先需要提前准备一个装水的容器，接着倒水并饮用。同理，在 C++程序中想要存储数据，需要让计算机先准备变量。这个步骤叫作定义变量，一些教材也将该步骤叫作声明变量。定义变量需要写明变量的类型与变量名，例如，定义一个名为 x 的整数类型变量，参考语句为：

```
int x;
```

一条定义语句可以定义多个变量，只需用逗号分隔变量名即可。例如，定义 3 个名称分别为 a、b、c 的整型变量，参考语句为：

```
int a, b, c;
```

将数据存入变量的过程称为变量赋值，需要使用赋值运算符=。例如，将常量 5 存入变量 x 中，赋值语句为：

```
x = 5;
```

需要注意，变量的赋值过程不是数据的叠加或移动，而是直接替换变量的值。语句 x=9;执行后，变量 x 的值就被改变为 9。语句 x=x+3;执行后，变量 x 的值就被改变为表达式 x+3 计算后的数值。

除了赋值语句，在定义变量的同时可直接进行赋值，该步骤称为变量的初始化。参考语句为：

```
int x = 10;
```

没有初始化的变量，其初始值是随机的。为确保程序正确运行，在使用变量之前，必须先对它进行赋值。

在代码中使用变量非常简单，直接将变量名写在表达式或语句中，该变量表示的数值会参与运算或被调用。参考语句为：

```
x = x + 3;
```

先执行赋值运算符右侧的 x+3 运算，变量 x 表示的值与 3 相加，将运算结果赋予变量 x。变量的相关处理总结如下。

（1）定义变量：变量类型 + 变量名 ⇒ int x;。

注意

在使用任意变量前均需要定义变量，定义是让计算机准备变量的一个步骤。

（2）为变量赋值：使用赋值运算符= ⇒ x = 3;。

注意

变量赋值的过程是直接替换变量值的过程，例如原先变量 x 中值为 5，在进行赋值 x=6;后，变量 x 中的值为 6。

（3）使用变量：在代码中直接写下变量的名称 ⇒ x = 1 + x;。

变量的定义与赋值示例代码如下。

```
1  #include <cstdio>
2  int main() {
3      int x; // 定义一个名为 x、类型为 int 的变量
4      x = 4; // 对 x 变量进行赋值，x 变量值为 4
5      return 0;
6  }
```

小贴士

"="是赋值运算符，不应将其读作数学中的"等号"。例如，语句"i=1;"应读作"将 1 赋值给变量 i"。

知识补充

在编写代码时，某些语句可能需要文字说明来记录其作用，可以使用代码注释语法进行标注。注释主要有下列两种形式。

（1）单行注释：以//为开头，其后的内容即为注释。

（2）多行注释：以/*为开头，以*/为结尾，中间的内容为注释。这种注释可以跨越多行，通常用于注释大段文本。

代码注释不会参与编译过程，编译器在编译代码时会自动忽略注释内容。

4.3 练 习

4.3.1 选择题

1. 下列关于变量的描述错误的是（   ）。

    A. 变量在使用前需要定义　　　　　　B. 变量可以赋值

    C. 变量不定义也可以使用　　　　　　D. 变量有类型

2. 按照 C++语法，下列语句不能定义变量 a 的是（   ）。

    A. int a;　　　　　B. int a = 10;　　　C. int a, b;　　　D. a = 10;

3. 有两个整数类型的变量 x 和 y 需要定义，下列哪条语句可以正确定义变量 x 和 y？（   ）

    A. int x;　　　　　B. int x, y　　　　C. int y;　　　　D. int x, y;

4. 下列关于变量的描述，错误的是（   ）。

    A. 可以用一个变量为另一个变量赋值

    B. 可以通过变量名使用变量

    C. 赋值运算符将符号右边的数值赋予符号左边的变量中

    D. 在主函数内，没有初始化的变量初始值为 0

5. 下列定义整型变量 num 并初始化为 0 的语句是（　　　）。

　　A. num=0;　　　　　　B. int num;　　　　　　C. int num=0;　　　　　　D. int num=0

6. 下列关于变量的描述，错误的是（　　　）。

　　A. 变量定义时可以不初始化

　　B. int 可以定义整数类型的变量

　　C. 一条语句只能定义一个变量

　　D. 定义变量时，程序在内存中申请了部分空间

7. 如果 x 为 int 类型且等于 4，执行 x = 5 语句后，x 的值应该是（　　　）。

　　A. 4　　　　　　　　　B. 5　　　　　　　　　C. 20　　　　　　　　　D. 0

8. 执行完下列代码，请问 c 变量的值为（　　　）。

```
1  int a = 2, c;
2  c = 1;
3  a = 3;
4  c = a + c;
```

　　A. 1　　　　　　　　　B. 2　　　　　　　　　C. 3　　　　　　　　　D. 4

9.【2023 年 3 月 1 级】下列关于 C++语言的叙述，不正确的是（　　　）。

　　A. 变量定义时可以不初始化　　　　B. 变量被赋值之后的类型不变

　　C. 变量没有定义也能够使用　　　　D. 变量名必须是合法的标识符

10.【2023 年 3 月 1 级】如果用两个 int 类型的变量 a 和 b 分别表示长方形的长和宽，则下列哪个表达式不能用来计算长方形的周长？（　　　）

　　A. a+b*2　　　　　　B. 2*a+2*b　　　　　　C. a+b+a+b　　　　　　D. b+a*2+b

4.3.2　判断题

11.（　　　）语句 int x=34; x=x+1;执行完毕后，x 中的值为 34。

12.（　　　）语句 int x, x=4;定义了两个重名变量 x，不能这样定义。

13.（　　　）【2023 年 3 月 1 级】在 C++语言中，注释不宜写得过多，否则会使得程序运行速度变慢。

14.（　　　）【2023 年 3 月 1 级】如果 a 为 int 类型的变量，则赋值语句 a=a+3;是错误的，因为这条语句会导致 a 无意义。

第 5 章　格式化输出与输入

输出与输入是计算机程序与人类之间沟通的桥梁，人类可以通过输入将数据传递给计算机，而计算机则通过输出将数据显示在屏幕上供人类查看。本章将讲解 C 与 C++语言中常用的输出和输入函数。

5.1　标准格式化输出函数

在日常生活中，许多消息报告以固定的格式呈现。如天气预报格式为："今天是 20××年××月××日，最高温度为××度，最低温度为××度。"这种以固定模式进行信息输出的方式被称为格式化输出。

格式化输出的一般格式可以分为三部分，如图 5.1 所示。

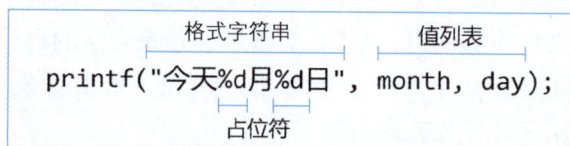

```
          格式字符串              值列表
printf("今天%d月%d日", month, day);
          占位符
```

图 5.1

- ☑ 格式字符串：定义输出格式的字符串。
- ☑ 占位符：在格式字符串中，标记"此位置需要输出相应格式的值"，例如，int 类型的占位符为%d。
- ☑ 值列表：列出准备输出的值，其中占位符与值列表一一对应。

格式化输出的相关举例如下。

1. 小理是班级中的第 12 名，使用格式化输出的形式输出 No.12：

```
printf("No.%d", 12);
```

2. 存在整型变量 a 与 b，输出这两个数，并且两数中间用空格隔开：

```
printf("%d %d", a, b);
```

3. 存在两个整数 12 与 54，输出这两个数，并且两数中间用减号隔开：

```
printf("%d-%d", 12, 54);
```

📖 知识补充

如果想使用 printf 输出%，在格式字符串中标记%%即可，例如：printf("%%");。

5.2　标准格式化输入函数

输入函数与输出函数相似，均使用格式字符串来规定读写的内容样式。格式化输入可以分为以下三部分，如图 5.2 所示。

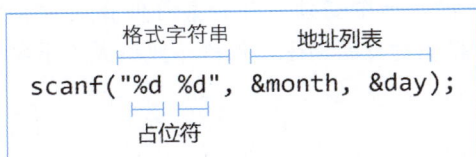

```
          格式字符串        地址列表
    scanf("%d %d", &month, &day);
              占位符
```

图 5.2

☑ 格式字符串：定义输入格式的字符串。

☑ 占位符：在格式字符串中，标记"此位置需要输入相应格式的值"。

☑ 地址列表：列出准备输入的变量地址，其中占位符与地址列表一一对应。

知识补充

地址是变量在内存中的唯一标识，如同门牌号，假设内存是一个大型小区，那变量就是小区里的一间房，地址则是房间的门牌号。快递员可以通过门牌号地址把我们在网络上订购的商品送到家，程序中的输入函数通过格式字符串找到数据，将值存入相应的变量中。

格式化输入函数的相关举例如下。

1. 输入两个整数 a 与 b，并且两数在输入中用空格隔开：

```
scanf("%d %d", &a, &b);
```

2. 小理知道自己的成绩为 No.3，输入该内容，并将成绩存储至变量 x 中：

```
scanf("No.%d", &x);
```

示例：输入两个整数 a 与 b，两数之间用空格隔开，输出它们的和。

```
1  #include <cstdio>
2  int main() {
3      int a, b; // 定义两个整数类型变量 a，b
4      scanf("%d %d", &a, &b); // 输入两个整数
5      printf("%d", a + b); // 输出一个整数，值为两数之和
6      return 0;
7  }
```

样例输入	样例输出
1 2	3

【编程例题】魔法阵。

【题目描述】在魔法世界里，有一种古老的魔法阵，这个魔法阵是由一个整数构建成的 3×3 数字方阵。小理提供了一个整数 x，希望你能输出这个方阵的模样。

【**输入格式**】输入共一行，包含一个整数 x。

【**输出格式**】输出共三行，每行输出三个整数，整数之间使用空格隔开，组成一个 3×3 数字方阵。

【**解析**】

1. 题目要求输入一个整数，我们需要将该值存储在程序中，以便进行后续的输出操作。因此，需要定义一个变量 x 存储输入的值。

2. 使用格式化输入函数读入一个整数，并将其存储在变量 x 中。

3. 输出一个魔法方阵，根据题目的描述，严格按照格式要求编写输出函数的格式字符串。

【**代码实现**】

```
1  #include <cstdio>
2  int main() {
3      int x; // 定义一个变量 x，用于输入与存储
4      scanf("%d", &x); // 输入一个整数值，将值存储至 x 中
5      printf("%d %d %d\n", x, x, x); // 输出 3×3 魔法阵
6      printf("%d %d %d\n", x, x, x);
7      printf("%d %d %d", x, x, x);
8      return 0;
9  }
```

样例输入	样例输出
3	3 3 3
	3 3 3
	3 3 3

5.3 输入与输出类

随着计算机技术与编程语言的发展，C++语言提供了新的输入输出方式。使用流插入(<<)与流提取 (>>)运算符控制输入输出的内容。需要注意，此输入输出方式需要使用 #include<iostream>头文件，同时需要在头文件之后添加 using namespace std;语句。

5.3.1 标准输出流 cout

cout 是 C++语言设计者定义的一个智能对象（"对象"一词目前难以理解，初学者可以将其当作是一个高级变量）。cout 将右侧的信息插入显示内容的黑框（即输出流）中。

示例：输出 helloworld。

```
1  #include <iostream>
2  using namespace std;
3  int main() {
4      cout << "helloworld";
5      return 0;
6  }
```

流插入运算符的优点是可以直接连续使用，将多个输出的内容写在一条语句中，方便编码。如果需要输出固定的内容，则使用双引号标示固定的内容，如空格需要标注为" "。

示例：存在两个整数类型变量 a 和 b，值均为 3。输出这两个变量，并以空格隔开。

```
1  #include <iostream>
2  using namespace std;
3  int main() {
4      int a = 3, b = 3;
5      cout << a << " " << b;
6      return 0;
7  }
```

endl 是 C++中一个特殊的控制符号，用于表示换行。它是在头文件<iostream>中定义的。需要注意的是，endl 只能与 cout 的流插入运算符一起使用，不能在 printf()函数中使用。相比之下，换行符\n 可以在 cout 中使用。

示例：输出两行内容，第一行输出 hello，第二行输出 world。

```
1  #include <iostream>
2  using namespace std;
3  int main() {
4      cout << "hello" << endl;
5      cout << "world";
6      return 0;
7  }
```

5.3.2　标准输入流 cin

与 cout 类似，cin 也是一个智能对象，用于将键盘输入的一系列内容转换为变量能够接收的格式。通过使用流提取>>运算符，可以从命令行输入流 cin 中提取内容并存储到相应的变量中。

示例：输入一个整数类型数值，并将其存储在变量 a 中。

```
1  #include <iostream>
2  using namespace std;
3  int main() {
4      int a;
5      cin >> a;
6      return 0;
7  }
```

示例：输入两个整数 a 和 b，两数之间用空格隔开，输出它们的和。

```
1  #include <iostream>
2  using namespace std;
3  int main() {
4      int a, b;
5      cin >> a >> b;
```

```
6    cout << a + b; // 输出一个整数，该整数由算式 a+b 得出
7    return 0;
8 }
```

【编程例题】宝藏探险。

【题目描述】在遥远的大海上，有一座神秘的岛屿。传说这座岛屿上隐藏着无数的宝藏。勇敢的探险家小理踏上了这座岛屿的探险之旅。小理首先来到了岛屿的一个古老洞穴，在洞穴里，他发现了一堆闪耀着神秘光芒的宝石。这些宝石的数量可以用一个整数来表示，但是需要通过一个特殊的仪器来测量，他把这个数字设为 g。接着，小理根据古老的地图指引，来到了岛屿的另一个地方，那是一个被藤蔓环绕的神秘小山谷。在山谷里，他又发现了一批宝藏，这批宝藏中的宝石数量比之前在洞穴里发现的宝石数量多 12 颗。现在，请你编写一个程序，帮助小理先输入在洞穴中发现的宝石数量，然后计算出他在洞穴和山谷中总共发现的宝石数量。

【输入格式】输入共一行，包含一个整数 g。

【输出格式】输出共一行，即总共发现的宝石数量。

【解析】通过阅读可以得知，小理在第一个洞穴中找到了 g 颗宝石，在山谷里找到了 g+12 颗宝石。因此，小理总共找到 2*g+12 颗宝石。

1. 题目要求输入整数 g，所以需要定义一个变量来存储该值，即 int g;。
2. 使用输入流输入一个整数，即 cin >> g;。
3. 使用输出流输出表达式 2*g+12 的值，即 cout << 2 * g + 12;。

【代码实现】

```
1 #include <iostream>//输入/输出流需要使用 iostream 头文件
2 using namespace std;//输入/输出流需要增加命名空间语句
3 int main() {
4     int g;
5     cin >> g;
6     cout << 2 * g + 12;
7     return 0;
8 }
```

样例输入	样例输出
5	22

5.4　练　习

5.4.1　选择题

1. 下列对于 printf()函数描述错误的是 (　　)。

   A. 程序开头必须包含#include<cstdio>

   B. printf 一定有值列表

   C. printf 格式字符串中的%d 表示该位置将会输出一个整数

   D. printf 格式字符串中的占位符与值列表中的值一一对应

2. 下列关于 printf()的使用正确的是（　　　）。

A. printf("%d", 1234); 　　　　　　　B. printf("%d", x, x);

C. printf("%d-%d", x, x) 　　　　　　D. printf("%d", &x);

3. 当 x 变量的值为 5，下列哪条语句执行后程序输出 x=6？（　　　）

A. printf("x=%d", x+1); 　　　　　　B. printf("%d", x+1);

C. printf("x=%d", x); 　　　　　　　D. printf("%d", x);

4. 下列哪段程序不能输出 3456？（　　　）

A. printf("3456"); 　　　　　　　　　B. printf("%d", 3456);

C. printf("%d　%d", 34, 56); 　　　　D. printf("%d%d%d%d", 3, 4, 5, 6);

5. 存在两个整数类型的变量 a 与 b，输入两个整数并分别存放在 a 与 b 中，用空格隔开。下列哪条语句可以实现该需求？（　　　）

A. scanf("%d %d", &a, &b) 　　　　　B. scanf("%d %d", &a, &b);

C. scanf("%d-%d", &a, &b); 　　　　　D. scanf("%d %d", a, b);

6. 下列对于 scanf()的描述，正确的是（　　　）。

A. 想要从输入数据"1-34"中，将 1 存入变量 a，将 34 存入变量 b。

　　使用语句：scanf("%d-%d", a, b);

B. 想要从输入数据"1 34"中，将 1 存入变量 c，将 34 存入变量 d。

　　使用语句：scanf("%d-%d", &c, &d);

C. 想要从输入数据"1.35"中，将 1 存入变量 e，将 35 存入变量 f。

　　使用语句：scanf("%d.%d", &e, &f);

D. 想要从输入数据"1.35"中，将 35 存入变量 k。

　　使用语句：scanf("%d", &k);

7.【2024 年 6 月 1 级】C++语句 printf("5%%2={%d}\n",5 % 2)执行后的输出是（　　　）。

A. 1={1} 　　　　　　　　　　　　　B. 5%2={5%2}

C. 5%2={1} 　　　　　　　　　　　　D. 5={1}

5.4.2　判断题

8. （　　　）执行语句 x=x+3;后，变量 x 的值加 3。

9. （　　　）变量在输出前不需要定义。

10. （　　　）在 C++语言中，计算结果必须先存储在变量中才能输出。

11. （　　　）如果从键盘输入的数值个数少于 scanf()地址列表的地址个数，会一直等待输入。

12. （　　　）printf("%d", a);如果整型变量 a 没有赋值，可能输出 0，也可能输出其他整数。

13. （　　　）【2024 年 3 月 1 级】C++语句 printf("%d#%d&", 2, 3)执行后输出 2#3&。

14. （　　　）【2024 年 3 月 1 级】C++函数 scanf()必须包含参数，且其参数为字符串型字面量，其功能是提示输入。

15. (　　)【2024 年 6 月 1 级】C++的整型 N 被赋值为 5，语句 printf("%d*2",N)执行后将输出 10。

5.4.3　填空题

16. 现有 int 类型变量 a 与 b，想要输出两行，其中第一行输出 a 的值，第二行输出 b 的值。对此，可使用语句：_____。

17. 请将下面代码补全，实现输入一个值，输出该值+1 后的值的功能。1 处应填_____，2 处应填_____。

```
#include<cstdio>
int main() {
    int a;
    scanf(____1____);
    printf("%d", ____2____);
    return 0;
}
```

第6章 数据类型与变量

6.1 浮点类型

int 类型变量只能存储整数，若要存储小数，则需要使用另一种数据类型——浮点类型。浮点类型是一种用来表示实数（即包含小数部分的数）的数据类型。例如，3.14、0.001、−273.15 都是浮点数。

> **知识补充**
>
> "浮点"一词来源于浮点数的表示方式。在浮点类型存储结构中，小数点的位置是可以变化的（浮动的），而不是固定在一个特定的位置。这种浮动的小数点位置使得浮点类型能够更灵活且精确地表示数值。

在 C++语言中，存在两种浮点类型：double 和 float。其中，double 被称为双精度浮点类型，float 被称为单精度浮点类型。

"精度"是指一个数字能够准确表示的小数部分的位数。具体来说，精度决定了一个数字的有效数字的数量以及它可以表示的数值范围。例如，0.00100 比 0.001 更精确，因此称 0.00100 的精度更高。

整型在标准格式化输入/输出函数中使用%d 作为格式字符串中的占位符。对于浮点类型：double 类型使用%lf 作为占位符，float 类型使用%f 作为占位符。示例代码如下。

```
1  #include <cstdio>
2  int main() {
3      double d; // 定义一个 double 类型变量 d
4      scanf("%lf", &d); // 输入一个小数
5      printf("%lf", d+1); // 输出小数 d+1
6      return 0;
7  }
```

通过修改输出格式字符串中的占位符，可以控制输出数值保留的小数位数。例如，若需将结果保留三位小数，可在%与 lf 之间增加.3，即"%.3lf"，输出函数会对小数点后第四位进行四舍五入，保留三位小数。示例代码如下。

```
1  double d;
2  scanf("%lf", &d);   // 输入为 2.1456
3  printf("%.2lf", d); // 输出为 2.15
```

想一想

下列关于浮点数的描述正确的是（　　　　）。

A. 浮点数的小数点是浮动的，所以浮点数不可以存储小数点后没有值的数据。

B. C语言中存在两种浮点数：单精度浮点数与双精度浮点数。

C. 浮点数可以参与求余运算。

D. 浮点数的占位符都是"%f"。

【编程例题】运动会。

【题目描述】小理的学校正在举办一场运动会，他和朋友都报名参加了不同的比赛项目。

☑ 小执参加了跳远比赛，他跳远的距离为 n 米，其中 n 为小数。

☑ 小理参加了跑步比赛，他的跑步速度为 m 米/秒，其中 m 为整数。

比赛结束后，裁判需要统计他们班的综合表现得分。得分的计算方式是：小执的跳远成绩乘以 2，小理的跑步速度乘以 3，然后将这两个结果相加。

【输入格式】输入共一行，包含两个数，分别为一个浮点数（小执的跳远距离）、一个整数（小理的跑步速度），两个数之间用空格隔开。

【输出格式】输出共一行，包含一个数，即综合表现得分，结果保留两位小数。

【解析】分析题目，可以知道最终的得分是 $2×n+3×m$，需要注意的是，由于小执的跳远成绩是小数，因此数值需要使用浮点类型变量存储，并且最后的和也是浮点类型。

1. 需要定义两个变量，分别存储小执和小理的数据，其中存储小执数据的变量类型为浮点类型，存储小理数据的变量类型为整数类型。

2. 使用输入函数输入两个值，第一个值使用%lf 占位符读入浮点类型数据，第二个值使用%d 占位符读入整数类型。

3. 使用输出函数输出 $2×n+3×m$，其中输出类型为浮点类型，并且保留两位小数，故占位符为%.2lf。

【代码实现】

```
1  #include <cstdio>
2  int main() {
3      double n;
4      int m;
5      scanf("%lf %d", &n, &m);
6      printf("%.2lf", 2 * n + 3 * m);
7      return 0;
8  }
```

样例输入	样例输出
2.1 3	13.20

6.2　长　整　型

int 类型能存储的整数范围为 $[-2^{31}, 2^{31}-1]$。如果需要存储更大范围的整数，则不能使用

int 类型。long long int 是一种存储范围更大的整数类型，在 C++语言中可以使用 long long int 或简写为 long long 来声明。

在标准格式化输入输出函数中，long long 类型使用%lld 作为格式字符串中的占位符。

程序示例：输入两个 long long int 类型的整数，输出它们的乘积。

```
1  #include <cstdio>
2  int main() {
3      long long int a, b; // 定义 long long 类型变量
4      scanf("%lld %lld", &a, &b); // 使用%lld 作为占位符
5      printf("%lld", a*b); // 输出两个数的乘积
6      return 0;
7  }
```

样例输入	样例输出
1234567 12345	15240729615

对 C++中常用数据类型的介绍如表 6.1 所示。

表 6.1

名　　称	类 型 名 称	占 位 符	有 效 长 度
整型	int	%d	$[-2^{31}, 2^{31}-1]$
长整型	long long	%lld	$[-2^{63}, 2^{63}-1]$
单精度浮点型	float	%f	约 6 位小数
双精度浮点型	double	%lf	约 15 位小数

【编程例题】星际旅行。

【题目描述】在遥远的未来，人类的科技已经取得了巨大的突破，星际旅行不再是遥不可及的梦想。此刻，一艘星际飞船正矗立在发射台上，准备踏上前往距离地球 m 光年之遥的新星系的探索征程。已知这艘星际飞船的燃料消耗情况与旅行的距离以及飞船自身的重量紧密相关。

经过精确的测算，飞船每光年的燃料消耗系数为 a，而飞船的重量则为 b。在出发前，我们需要计算此次航行需要的燃料总量（燃料总量=距离×燃料消耗系数×飞船重量）。现在，请你帮助船员计算此次航行总共需要的燃料量，判断此次探索任务是否能够顺利完成。

【输入格式】输入共一行，包含三个整数，分别表示 m、a、b。

【输出格式】输出共一行，表示所需燃料总量。

【数据范围】m、a、b 在 long long int 范围内。

【解析】通过阅读题目可知，题目给出三个整数，希望最后求出三个整数的积。

1. 定义三个长整型变量 long long int m, a, b;。

2. 使用输入函数输入三个变量，需要注意，长整型占位符为%lld。

3. 输出三个变量的积。

【代码实现】

```
1  #include <cstdio>
2  int main() {
3      long long int m, a, b;
```

样例输入	样例输出
100000 1000 100000	10000000000000

```
4       scanf("%lld %lld %lld", &m, &a, &b);
5       printf("%lld", m * a * b);
6       return 0;
7   }
```

6.3　变量名的要求

无数的变量存储了无数的数据，如何区分某一个特定变量呢？计算机科学家的解决方法是为变量起不同的名字。正如同一文件夹内不允许有重名的文件，网站不允许有相同的用户名一样，在同一程序里也不允许出现相同的变量名。

在 C++语言中，使用"标识符"作为代码中所有名称的标准。标识符的命名有以下规则。

☑ 字母、数字和下画线：标识符可以包含字母（A～Z，a～z）、数字（0～9）和下画线（_）。

☑ 开头字符：标识符不能以数字开头。例如，123var 是无效的，但 var123 是有效的。

☑ 区分大小写：C++是区分大小写的语言，所以 Variable 和 variable 是两个不同的标识符。

"关键字"指具有特殊含义的预定义保留标识符。例如，int、double、return 等都是关键字，它们不能用作变量名。

因此，变量名只能由字母、数字和下画线构成，第一个字符不能是数字，也不能使用中文单词和关键字。

变量名的命名需要遵循的原则是长度适中，简洁易懂。例如，名为 age 的变量，能直观地看出它存储的是年龄，因此 age 就是一个较好的变量名。

注意

cin 与 cout 不是关键字。

6.4　练　习

6.4.1　选择题

1. double 用于定义哪种数据类型？（　　　）

  A. 双精度浮点类型　　　　　　B. 单精度浮点类型

  C. 整型　　　　　　　　　　　D. 长整型

2. 下列哪种数据类型在 C++语言中用于表示长整型？（　　　）

  A. float　　　　B. long long　　　C. int　　　　D. double

3. 下列关于浮点数的描述正确的是（　　　）。

A. double a = 5;是错误的，因为 5 是整数不是小数

B. C++语言中存在的浮点数：单精度浮点数与双精度浮点数

C. 浮点数能精确表示所有小数

D. 浮点数的占位符都是%f

4. 执行下列程序，输出的结果是 (   )。

```
1  #include<cstdio>
2  int main() {
3      double pi = 3.141592653;
4      printf("%.3lf", pi);
5      return 0;
6  }
```

A. 3.141592653   B. 3.141   C. 3.142   D. 3.14

5. 下列关于变量名的描述错误的是 (   )。

A. 变量名可以包含大小写字母、数字、所有特殊符号

B. 变量名有长度限制

C. 变量名不可以使用保留关键字

D. 变量名不能以数字开头

6. 下列哪个选项可以作为变量名? (   )

A. lala 啦   B. 360   C. m^_^m   D. number_of_Chinese

7. 下列哪个选项可以作为变量名? (   )

A. int   B. double   C. return   D. sum

8.【2023 年 3 月 1 级】以下不可以作为 C++标识符的是 (   )。

A. x321   B. 0x321   C. x321_   D. x321

9.【2023 年 3 月 1 级】以下哪个不是 C++语言的关键字? (   )

A. int   B. for   C. do   D. cout

10.【2023 年 6 月 1 级】以下可以作为 C++标识符的是 (   )。

A. number_of_Chinese_people_in_millions

B. 360AntiVirus

C. Man&Woman

D. break

11.【2024 年 6 月 1 级】下面 C++代码执行后的输出是 (   )。

```
1  float a;
2  a = 101.101;
3  a = 101;
4  printf("a+1={%.0f}",a+1);
```

A. 102={102}

B. a+1={a+1}

    C. a+1={102}

    D. a 先被赋值为浮点数，后被赋值为整数，执行将报错

12.【2024 年 6 月 2 级】在 C++语言中，下列不可作为变量的是 (　　　　)。

    A. five-Star   B. five_star   C. fiveStar   D. _fiveStar

13.【2023 年 9 月 2 级】以下不是 C++关键字的是 (　　　　)。

    A. continue   B. cout   C. break   D. goto

6.4.2　判断题

14. (　　　　) 输出语句 printf("%lf", 6.2);是正确的。

15. (　　　　) 在 C++语言中，float 类型的精度要高于 double 类型的精度。

16. (　　　　) 在 C++语言中，如果变量需要保存比 int 范围更大的整数，可以使用 long long 类型。

17. (　　　　) 在 C++代码中，不可以将变量命名为 float，因为 float 是 C++的关键字。

18. (　　　　) 在 C++语言中，你可以声明一个名为 2ndVar 的变量。

19. (　　　　)【2023 年 9 月 1 级】在 C++代码中，不可以将变量命名为 cout，因为 cout 是 C++的关键字。

20. (　　　　)【2023 年 12 月 1 级】在 C++的程序中，不能用 scanf 作为变量名。

21. (　　　　)【2024 年 3 月 1 级】在 C++语言中，3.0 和 3 的值相等，所以它们占用的存储空间也相同。

22. (　　　　)【2024 年 3 月 1 级】在 C++的程序中，cin 是一个合法的变量名。

23. (　　　　)【2024 年 9 月 1 级】在 C++代码中，不可以将变量命名为 five-star，因为变量名中不可以出现减号符号。

24. (　　　　)【2023 年 9 月 2 级】C++表达式 7.8/2 的值为 3.9，类型为 float。

25. (　　　　)【2024 年 9 月 2 级】Xyz，xYz，xyZ 是 3 个不同的变量。

7.1　算术运算符

在 C++中，算术运算符包含加（+）、减（－）、乘（*）、除（/）、模（%）。模运算用于求两个整数相除的余数，因此模运算只能用于整数之间。

算术运算符的运算顺序和数学中的运算顺序一致，具体规则如下。

（1）先计算括号内的表达式；

（2）再计算乘、除和模运算；

（3）最后计算加法和减法；

（4）对于优先级别相同的运算符，按照从左到右的顺序依次计算。

注意

整数之间进行除（/）运算为求商运算，例如 5/2，其结果为 2。如果想得到小数，则参与运算的值需要是浮点类型，例如 5/2.0，其结果为 2.5。因此，"整数除整数得整数，除法含浮点得浮点"。

小贴士

除号的写法为 /，换行符的写法为\n，使用的时候需要注意区分这两个符号。

a=880;是一条赋值语句，而 a=880 是一个赋值表达式。你能看出它们的区别吗？

示例 1：printf("%d", 2 + 8 % 2 * 3 - 5);。

☑ 先计算 8%2 ⇒ 结果为 0；

☑ 再计算 0*3 ⇒ 结果为 0；

☑ 最后计算 2+0-5 ⇒ 结果为-3。

示例 2：printf("%d", 2 + 8 % (2 * 3) - 5);。

☑ 先计算(2*3) ⇒ 结果为 6；

☑ 再计算 8%6 ⇒ 结果为 2；

☑ 最后计算 2+2-5 ⇒ 结果为-1。

示例 3：int a = 3, b = 2; printf("%d", a / b);。

☑ 变量 a 值为 3，变量 b 值为 2，a，b 均为整数类型；

☑ 计算 3/2 ⇒ 结果为 1。

示例 4：double a = 3, b = 2; printf("%.1lf", a/b);。

☑ 变量 a 值为 3.0，变量 b 值为 2.0，a、b 均为浮点类型；

☑ 计算 3.0/2.0 ⇒ 结果为 1.5。

【编程例题】求商和余数。

【题目描述】小理在做除法运算的时候遇到了困难！他需要计算 $\frac{a}{b}$ 的商以及余数，现在请你帮助小理计算给定的两个整数相除的商以及余数。

【输入格式】输入共一行，包含两个整数 a 和 b，分别为被除数和除数。其中保证除数不为零，两个整数中间用一个空格隔开。

【输出格式】输出共一行，包含两个整数，分别为商和余数，两个整数中间用一个空格隔开。

【数据范围】对于全部数据，保证在 int 类型范围内。

【解析】整数之间求商使用运算符 /，整数之间求余数使用运算符 %。

【代码实现】

```
1  #include <cstdio>
2  int main() {
3      int a, b;
4      scanf("%d %d", &a, &b);
5      printf("%d %d", a / b, a % b);
6      return 0;
7  }
```

样例输入	样例输出
10 3	3 1

【编程例题】时间转换。

【题目描述】小理的计算机会时刻统计开机的持续时间，并且存储一个以秒为单位的数值。请你帮助小理将它转换为"小时:分钟:秒"的形式。

【输入格式】输入共一行，包含一个整数 x，表示总秒数。

【输出格式】输出共一行，包含三个整数，分别是转换后的小时、分钟、秒。三个整数之间用冒号隔开。

【数据范围】对于全部数据，x 不超过 10^5。

【解析】通过阅读题目可知，已知总秒数，求这些秒一共多少小时多少分钟多少秒。1 分钟等于 60 秒，1 小时等于 60 分钟。

1. 求秒数：利用求余运算，总秒数对 60 取余，就是转换后剩余的秒数，一旦秒数超过 60，就可转换为分钟。

2. 求分钟：利用求商运算，先求出总共有多少分钟，即 x/60，再算出有多少剩余的分钟，分钟数对 60 取余，就是转换后剩余的分钟数，一旦分钟数超过 60，就可转换为小时。

3. 求小时：利用求商运算，1 小时为 3600 秒。查看总秒数中有多少个 3600 就知道有多少小时。

【代码实现】

```
1  #include<cstdio>
```

```
2  int main() {
3      int x, h, m, s;
4      scanf("%d", &x);
5      s = x % 60;
6      m = x / 60 % 60;
7      h = x / 3600;
8      printf("%d:%d:%d", h, m, s);
9      return 0;
10 }
```

样例输入	样例输出
556	0:9:16

7.2　交换变量

想一想

现有两个 int 变量 a 与 b，希望交换两个变量的值，如何实现呢？若无法回答该问题，请大家思考：现有两个瓶子，里面装的分别是可乐和橙汁，希望交换两瓶中的饮料，如何实现呢？

现有两个变量 a 和 b，想要交换这两个变量中的值，实现代码如下。

```
1  int t = a; // 定义临时变量t，并将a中的值存入t
2  a = b; // 将b中的值存入a，原先a的值被覆盖
3  b = t; // 将t中存储的a的值存入b
```

交换两瓶不同的饮料需要一个空瓶子，交换变量 a 和 b 的值也需要借助另一个变量 t。

7.3　练　　习

7.3.1　选择题

1. a，b 和 c 都是 int 类型的变量，下列哪条语句不符合 C++ 语法？（　　）

　A. a = b % c;　　　　B. b += c;　　　　C. c = a + b + c;　　　D. a = b % 3.5;

2. x 是 int 类型的变量，值为 9，x % 5 的结果为（　　）。

　A. 1　　　　　　B. 2　　　　　　C. 3　　　　　　D. 4

3. x 是 int 类型的变量，值为 9，执行 x /= 2 后 x 的值为（　　）。

　A. 2　　　　　　B. 3　　　　　　C. 4　　　　　　D. 5

4. a 和 b 均为 int 类型的变量，值分别为 5 和 2，则下列哪个表达式计算结果不是 2.5？（　　）

　A. a / b * 1.0　　　　　　　　B. (a + 0.0) / b

　C. a / (b * 1.0)　　　　　　　D. (a * 1.0) / b

5. 下列算式计算结果为 0 的是 (　　　)。

　　A. 8 % 2　　　　　　B. (1 + 2) / 2 % 3　　　　　C. 3 - 1 * 2　　　　　D. 5 / 2 - 1

6. 在/* 1 */处填写下列哪条语句,可以使输出结果为 20 30? (　　　)

```
1  int a = 30,b = 20;
2  int temp;
3  temp = a;
4  /* 1 */;
5  b=temp;
6  printf("%d %d",a,b);
```

　　A. a = temp　　　　B. a = b　　　　　　　C. b = temp　　　　　　D. temp = a

7. 【2023 年 3 月 1 级】如果 a 为 int 类型的变量,且 a 的值为 6,则执行 a *= 3;之后, a 的值会是 (　　　)。

　　A. 3　　　　　　　B. 6　　　　　　　　C. 9　　　　　　　　　D. 18

8. 【2023 年 3 月 1 级】在下列代码的横线处填写 (　　　),可以使得输出是 20 10。

```
1  #include <iostream>
2  using namespace std;
3  int main() {
4      int a=10,b=20;
5      a =_____;   //在此处填入代码
6      b = a / 100;
7      a = a % 100;
8      cout << a << " " << b << endl;
9      return 0;
10 }
```

　　A. a + b　　　　　B. (a + b) * 100　　　　C. b * 100 + a　　　　D. a * 100 + b

9. 【2023 年 6 月 1 级】在下列代码的横线处填写 (　　　),使得输出是 20 10。

```
1  #include <iostream>
2  using namespace std;
3  int main() {
4      int a = 10, b = 20;
5      a =_____;    //在此处填入代码
6      b = a + b;
7      a = b - a;
8      cout << a << " " << b << endl;
9      return 0;
10 }
```

　　A. a + b　　　　　　B. b　　　　　　　　C. a - b　　　　　　　D. b - a

10. 【2024 年 3 月 1 级】下面 C++代码执行后的输出是 (　　　)。

```
1  int a = 1;
2  printf("a+1=%d\n", a+1);
```

　　A. a+1= 2　　　　　　B. a+1=2　　　　　　C. 2=2　　　　　　D. 2= 2

11.【2024 年 9 月 1 级】C++表达式 10 - 3 * 2 的值是（　　　）。

　　A. 14　　　　　　　　B. 4　　　　　　　　C. 1　　　　　　　　D. 0

12.【2024 年 9 月 1 级】在 C++语言中，假设 N 为正整数 10，则 cout << (N / 3 + N % 3) 将输出（　　　）。

　　A. 6　　　　　　　　B. 4.3　　　　　　　C. 4　　　　　　　　D. 2

13.【2024 年 6 月 2 级】某货币由 5 元，2 元和 1 元组成。输入金额（假设为正整数），计算出最少数量。为实现其功能，横线处应填入代码是（　　　）。

```
1  int N;
2  cin >> N;
3  int M5,M2,M1;
4  M5 = N / 5;
5  M2 = _____;//第 1 横线
6  M1 = _____;//第 2 横线
7  printf("5*%d+2*%d+1*%d", M5, M2, M1);
```

　　A. 第 1 横线处填入：N/2；第 2 横线处填入：N-M5-M2

　　B. 第 1 横线处填入：(N-M5*5)/2；第 2 横线处填入：N-M5*5-M2*2

　　C. 第 1 横线处填入：N-M5*5/2；第 2 横线处填入：N-M5*5-M2*2

　　D. 第 1 横线处填入：(N-M5*5)/2；第 2 横线处填入：N-M5-M2

7.3.2　判断题

14. （　　　）5 / 2 与 5.0 / 2 结果相同。

15. （　　　）输出语句 printf("%lf", 5*1.0/2);没有语法问题。

16. （　　　）如果 x % 17 的结果为 0，那么 x 是 17 的倍数。

17. （　　　）如果 x % 2 的结果为 0，那么 x 是奇数。

18. （　　　）sum += x; 等价于 sum = sum + x;。

19. （　　　）【2024 年 9 月 1 级】在 C++语言中，表达式 10/4 和 10%4 的值相同，都是整数 2，说明/和%可以互相替换。

20. （　　　）【2023 年 12 月 2 级】C++表达式-7/2 的值为整数-3。

7.3.3　填空题

21. 表达式(1 + 34 % 5) / 2.0 的值为_____。

22. 阅读以下代码并回答问题。

```
1  #include<cstdio>
```

```
2  int main(){
3      int a, b, c;
4      scanf("%d%d%d", a, b, c);
5      int sum = 0;
6      sum += a;
7      printf("%d\n", sum);
8      sum += b;
9      printf("%d\n", sum);
10     sum += c;
11     printf("%d\n", sum);
12 }
```

（1）输入 1 2 3，第一行输出为_____。

（2）输入 1 2 3，第二行输出为_____。

（3）输入 1 2 3，第三行输出为_____。

23. 阅读以下代码并回答问题。

```
1  #include<cstdio>
2  int main() {
3      int x;
4      scanf("%d", x);
5      printf("%d\n", x % 10);
6      x = x / 10;
7      printf("%d\n", x % 10);
8  }
```

（1）输入 123456，第一行输出为_____。

（2）输入 123456，第二行输出为_____。

第 8 章 和计算机多说点——字符类型

当计算机与人类进行交流时，计算机需要使用人类能够理解的语言，即在显示器上呈现可视的符号；而人类则需要使用计算机能够识别的语言，即输入计算机可以解析的符号。这些用于沟通的符号，如数字、字母、特殊标点等，统称为"字符"。

字符是计算机科学和信息技术中用于表示文本或数据的基本单位，一个字符为一个单独的显示符号。早期计算机显示的所有内容均是由字符构成，如图 8.1 所示。

图 8.1

8.1 字符类型

在 C++语言中使用 char 表示字符类型，一个字符类型变量存储一个字符。在代码中，使用单引号标识字符，例如：'A', '&', '8'分别表示大写字母 A 字符，&字符，数字 8 字符。定义并输出字符类型变量的示例代码如下。

```
1  char c = 'k'; // 定义字符类型变量 c，存储字符'k'
2  printf("%c", c); // 输出字符类型变量 c，结果为 k
```

小贴士

虽然'1'和 1 看起来的样子都是 1，但'1'是字符类型，它的值不为 1；而 1 是整数类型，它的值就是 1。务必要将它们区分开。

char 类型在标准格式化输入/输出函数中使用%c 作为格式串中的占位符。

【编程例题】自定义小理三角形。

【题目描述】小理想输入任意一个字符，输出由该字符构成的小理三角形，即等腰三角形，形状如样例输出所示。

【输入格式】输入共一行，包含一个字符。

【输出格式】输出共三行，输出由输入字符构成的等腰三角形，此等腰三角形的底边长规定为 5 个字符，高为 3 行。

【解析】与小理三角形类似，但需要读入字符并存储，然后进行输出。需要注意变量定义类型为 char 字符类型。

【代码实现】

```
1  #include <cstdio>
2  int main() {
3      char c;
4      scanf("%c", &c);
5      printf("  %c\n", c);
6      printf(" %c%c%c\n", c, c, c);
7      printf("%c%c%c%c%c", c, c, c, c, c);
8      return 0;
9  }
```

样例输入	样例输出
!	! !!! !!!!!

8.2 ASCII 码

字符是显示用的符号，如何存储在计算机中？比如说大写字母 'A' 字符，在程序中是否会按笔划存储两个斜线一个短横线？不会。解决程序存储字符问题，我们需要引入一套编码——美国标准信息交换码，俗称 ASCII 码。

知识补充

ASCII 码表最初是在 1963 年由美国国家标准学会（ANSI）制定的，用于统一不同计算机硬件和软件系统之间的字符编码。在此之前，计算机系统中使用的字符编码各不相同，导致信息交换和共享存在很大的困难。ASCII 码表的制定解决了这个问题，使得不同计算机系统之间可以互相交换和处理文本信息。

在 ASCII 码中，规定了每个字符对应的数值，数值[0, 127]与 128 个字符一一对应。

计算机中内置了恒定的 ASCII 码表，程序仅需记录相应的数字值，如图 8.2 所示（图中仅展示部分 ASCII 码值）。当一个字符被存入变量中，实际上存储的并非该字符本身，而是将其对应的 ASCII 编码保存于变量中。因此，对于 char 类型的变量，它实际上存储的是一个整数值，这个整数表示在 ASCII 码表中的位置对应的字符。

0	'\0'	18	'DC2'	36	'$'	54	'6'	72	'H'	90	'Z'	108	'l'
1	'SOH'	19	'DC3'	37	'%'	55	'7'	73	'I'	91	'['	109	'm'
2	'STX'	20	'DC4'	38	'&'	56	'8'	74	'J'	92	'\'	110	'n'
3	'ETX'	21	'NAK'	39	'''	57	'9'	75	'K'	93	']'	111	'o'
4	'EOT'	22	'SYN'	40	'('	58	':'	76	'L'	94	'^'	112	'p'
5	'ENQ'	23	'ETB'	41	')'	59	';'	77	'M'	95	'_'	113	'q'
6	'ACK'	24	'CAN'	42	'*'	60	'<'	78	'N'	96	'`'	114	'r'
7	'BEL'	25	'EM'	43	'+'	61	'='	79	'O'	97	'a'	115	's'
8	'BS'	26	'SUB'	44	','	62	'>'	80	'P'	98	'b'	116	't'
9	'HT'	27	'ESC'	45	'-'	63	'?'	81	'Q'	99	'c'	117	'u'
10	'LF'	28	'FS'	46	'.'	64	'@'	82	'R'	100	'd'	118	'v'
11	'VT'	29	'GS'	47	'/'	65	'A'	83	'S'	101	'e'	119	'w'
12	'FF'	30	'RS'	48	'0'	66	'B'	84	'T'	102	'f'	120	'x'
13	'CR'	31	'US'	49	'1'	67	'C'	85	'U'	103	'g'	121	'y'
14	'SO'	32	' '	50	'2'	68	'D'	86	'V'	104	'h'	122	'z'
15	'SI'	33	'!'	51	'3'	69	'E'	87	'W'	105	'i'	123	'{'
16	'DLE'	34	'"'	52	'4'	70	'F'	88	'X'	106	'j'	124	'|'
17	'DC1'	35	'#'	53	'5'	71	'G'	89	'Y'	107	'k'	125	'}'

图 8.2

8.2.1　ASCII 码的特性

观察 ASCII 码表可以发现如下关系：

☑ 数字之间数值是连续的，字符 0 到 9 的 ASCII 码的范围为[48, 57]；
☑ 大写字母之间数值是连续的，字符 A 到 Z 的 ASCII 码的范围为[65, 90]；
☑ 小写字母之间数值是连续的，字符 a 到 z 的 ASCII 码的范围为[97, 122]。

对于考试来说，需要重点记忆的 3 个 ASCII 码值如表 8.1 所示。

表 8.1

字　　符	ASCII 码
'0'	48
'A'	65
'a'	97

程序示例：输入字符变量，输出字符变量及其对应的 ASCII 码值。

```
1  #include <cstdio>
2  int main() {
3      char c;
4      scanf("%c", &c); // 输入字符
5      printf("%c:%d", c, c);
6      // 以字符形式输出字符变量 c
7      // 接着输出冒号
8      // 最后以整数形式输出字符变量 c 的 ASCII 码值
9      return 0;
10 }
```

样例输入	样例输出
a	a:97

8.2.2　字符类型的运算

字符类型变量内部以整数形式存储，因此可以对数据进行算术运算，实际上这些操作是

对字符的 ASCII 码值进行计算，有如下常见应用。

☑ 大写字母转小写字母：减去大写字母 A 得出字母编号，加上小写字母 a 求出对应小写字母。示例：ch - 'A' + 'a'。

☑ 小写字母转大写字母：减去小写字母 a 得出字母编号，加上大写字母 A 求出对应大写字母。示例：ch - 'a' + 'A'。

☑ 第 20 个小写字母：第 20 个小写字母是从字母 a 开始往后数第 19 个，小写字母 a 增加 19 即可。示例：'a' + 19。

程序示例：输入小写字母，输出对应的大写字母。

```
1  #include <cstdio>
2  int main() {
3      char c;
4      scanf("%c", &c); // 输入小写字母字符
5      printf("%c", c - 'a' + 'A'); //计算对应的大写字母字符
6      return 0;
7  }
```

样例输入	样例输出
r	R

【编程例题】小写字母次序。

【题目描述】现在有一个小写字母，小理想知道这是第几个小写字母。'a'是第一个小写字母。

【输入格式】输入共一行，包含一个小写字母。

【输出格式】输出共一行，包含一个整数，即输入的小写字母的次序。

【解析】已知 ASCII 码中，小写字母在表中连续。故使用输入的小写字母减去小写字母'a' 再加 1，即可得到小写字母的次序。

【代码实现】

```
1  #include <cstdio>
2  int main() {
3      char ch;
4      scanf("%c", &ch);
5      printf("%d", ch - 'a' + 1);
6      return 0;
7  }
```

样例输入	样例输出
c	3

8.3 数据类型转换

在学习算术运算符时了解到，整数之间进行运算得到的结果也一定为整数。

想一想

一次数学测验过后，李老师掌握了全班同学的成绩（均为整数），她想要知道本次测验的班

已知全班同学的总分、班级人数均为整数，那么进行除法运算得到的结果是什么类型呢？答案是整数类型。这种计算方式会导致结果出现误差，因此我们要确保参与运算的数值为浮点数。

可以通过强制类型转换将整数转换为浮点数，方法是在值前面用括号标注目标类型。值得注意的是，只要运算符两边存在浮点数，运算结果就会统一为浮点数。

举例： 将 double 类型的变量 a 转换为 int 类型，并将其存入 int 类型的变量 b 中，写作 b=(int)a;。

整数与字符类型、浮点数与字符类型之间同样可以进行转换，转换规则如下。

☑ 整型（int）转浮点型（double）：在浮点型数据承受范围内直接变为浮点类型。

☑ 浮点型（double）转整型（int）：只保留整数部分。

☑ 字符型（char）转整型（int）：保留 ASCII 码。

☑ 整型（int）转字符型（char）：只保留字符类型范围内的数值。

除了强制类型转换，当同一表达式中包含不同类型的值进行运算时，C++会自动对数值进行类型转换。对于同一个运算符与两个不同类型的数值进行计算时，自动类型转换遵循以下规则。

☑ 如果一个数值的类型是 double，则将另一个数值的类型转换为 double；

☑ 否则，如果一个数值的类型是 float，则将另一个数值的类型转换为 float；

☑ 否则，如果一个数值的类型是数据范围更大的整数类型，则将另一个数值转换为同等数据范围的整数类型。

因此，当一个数值是 int 类型，另一个数值是 char 类型时，char 类型会被转换为 int 类型。对于 char 类型来说，int 类型是范围更大的整数类型。表达式'a' + 1 计算后的数据类型为 int 类型。

【编程例题】 计算球体积。

【题目描述】 半径为 r 的球，其体积的计算公式为：$V = \dfrac{4}{3}\pi r^3$，这里取 $\pi=3.14$。现在给定一个球的半径 r，请你帮小理算出球的体积 V。

【输入格式】 输入共一行，包含一个不超过 100 的非负实数，即球半径 r，类型为 double。

【输出格式】 输出共一行，包含一个实数，即球的体积，保留到小数点后两位。

【解析】 给定参数 r，需要输出一个包含 r 的算式的值。通常，表达式可以写为 4/3*3.14*r*r*r，但是这个表达式存在问题，算术表达式从左往右计算，会先计算 4/3，结果为 1。这是因为整数类型之间的除法是求商运算。因此需要对 4 进行类型转换，将其转换为浮点类型，以确保结果为浮点类型。如何转换？可以将 4 替换为 4.0，或在 4 之前用括号标注转换的类型，如 (double)4。

【代码实现】

```
1  #include<cstdio>
```

```
2  int main() {
3      double r, v;
4      scanf("%lf", &r);
5      v = 4.0 / 3.0 * 3.14 * r * r * r;
6      printf("%.2lf", v);
7      return 0;
8  }
```

样例输入	样例输出
4	267.95

小贴士

对于字符类型变量，可以直接使用 cout 进行输出，输出内容为字符。但是，当字符类型与整数类型一起参与运算时，字符类型会被转换为整数类型。如果使用 cout 输出表达式，会输出整数类型的结果。

```
1  char c = 'a';
2  cout << c << " " << c + 1;
```

尝试运行上述代码，可以发现结果为 a 98。

8.4 练   习

8.4.1 选择题

1. 字面值'3'是哪种类型的数据？（   ）

    A. int   B. char   C. double   D. long long
2. 关于变量的定义格式，以下错误的是（   ）。

    A. int a;   B. char ch = "A";

    C. float PI = 3.1415;   D. double PI = 3.1415926;
3. 下面哪个选项不是字符？（   ）

    A. '\n'   B. 'ab'   C. '0'   D. 'F'
4. 下列关于字符类型描述错误的是（   ）。

    A. 字符类型可以用 %d 作为占位符   B. 字符类型能够显示字符的模样

    C. 字符类型不可以参与运算   D. 字符类型的占位符为%c
5. 下列关于 ASCII 码描述错误的是（   ）。

    A. 小写字母在 ASCII 码表中是连续的

    B. 大写字母在 ASCII 码表中是不连续的

    C. ASCII 码表中的每个字符与数值一一对应

    D. 数字在 ASCII 码表中是连续的
6. 下列关于 ASCII 码描述错误的是（   ）。

    A. 'A'的 ASCII 码值是 65

　　B. char x = 'A' + 1;，变量 x 的值是 'Z'

　　C. printf("%c", 'a');，输出的是 a

　　D. printf("%d", 'a');，输出的是字符 a 的 ASCII 码

7. 下列计算式中，结果为'Z'的是（　　　）。

　　A. 'A' + 26　　　　　　B. 'A' + 25　　　　　　C. 'a' + 26　　　　　　D. 'a' + 25

8. 下列计算式中值为 6 的是（　　　）。

　　A. '6' - '1'　　　　　　B. '6' - '0'　　　　　　C. '6' - '0' + 1　　　　　　D. '6' + '0'

9. 下列关于类型转换计算错误的是（　　　）。

　　A. (int)'A'的结果是 65　　　　　　　　　　B. (double)5 的结果是 5.00

　　C. (int)4.6 的结果是 4　　　　　　　　　　D. (char)65 的结果是 65

10. 【2023 年 6 月 1 级】如果 a 和 b 为 int 类型的变量，且它们的值分别为 7 和 2，则下列哪个表达式的计算结果不是 3.5 ？（　　　）

　　A. 0.0 + a / b　　　　　　　　　　　　　B. (a + 0.0) / b

　　C. (0.0 + a) / b　　　　　　　　　　　　D. a / (0.0 + b)

11. 【2024 年 3 月 1 级】下面关于整型变量 int x 的赋值语句不正确的是（　　　）。

　　A. x=(3.16);　　　B. x=3.16;　　　C. x=int(3.16);　　　D. x=3.16 int;

8.4.2　判断题

12. （　　　）'s' - 'A' + 'a'可以将小写字母's'转换为大写字母'S'。

13. （　　　）表达式(double)3 / 2 的结果和表达式 3 * 1.0 / 2 的结果相同。

14. （　　　）【2023 年 3 月 1 级】'3'是一个 int 类型常量。

15. （　　　）【2023 年 9 月 1 级】C++表达式 ('1' + '1') 的值为 '2' 。

16. （　　　）【2023 年 12 月 1 级】C++表达式 int(3.14)的值为 3。

17. （　　　）【2024 年 3 月 2 级】如果有以下 C++代码，那么 cout << t;的结果为 28.5。

```
1  double s;
2  int t;
3  s = 18.5;
4  t = int(s) + 10;
```

18. （　　　）【2023 年 12 月 2 级】C++表达式 2*int('9')*2 的值为 36。

19. （　　　）【2023 年 12 月 2 级】在 C++代码中，运算符只能处理相同的数据类型。如果操作数的类型不同，则需要将它们转换为相同的数据类型。

20. （　　　）【2023 年 12 月 2 级】在 C++代码中，虽然变量都有数据类型，但同一个变量也可以被赋予不同类型的值。

8.4.3　填空题

21. 阅读下面代码并回答问题。

```
1  #include<cstdio>
2  int main(){
3      char x;
4      scanf("%c", &x);
5      printf("%d", x - 'a' + 1);
6      printf("%c", x + 'A' - 'a');
7  }
```

（1）输入 b，第一行输出为_____。

（2）输入 e，第二行输出为_____。

第9章 C++中的数学工具

9.1 浮点数取整

在学习数学的过程中，我们经常需要对小数进行取整。那么，如何用代码实现这一功能呢？在 C++的<cmath>头文件中，提供了三个函数可以对浮点类型数值进行取整。

对数据或变量进行四舍五入取整，可以使用 round(double)函数。该函数的作用是对一个 double 类型的值进行四舍五入取整。

对数据或变量进行向下取整，即计算小于或等于该数的最大整数，可以使用 floor(double)函数。该函数的作用是对一个 double 类型的值进行向下取整。

对数据或变量进行向上取整，即计算大于或等于该数的最小整数，可以使用 ceil(double)函数。该函数的作用是对一个 double 类型的值进行向上取整。

需要注意的是，上述三个函数的返回值均为浮点数类型，具体示例请参考表 9.1。

表9.1

原始值 val	round(val)	floor(val)	ceil(val)
2.3	2.0	2.0	3.0
3.8	4.0	3.0	4.0
5.5	6.0	5.0	6.0
−2.3	−2.0	−3.0	−2.0
−3.8	−4.0	−4.0	−3.0
−5.5	−6.0	−6.0	−5.0

小贴士

使用数学函数时，需要在程序中包含头文件#include<cmath>。

程序示例：输入一个浮点类型的值，分别输出该值四舍五入、向下取整和向上取整的结果（输出保留一位小数）。

```
1  #include <cstdio>
2  #include <cmath>
3  int main() {
4      double val;
5      scanf("%lf", &val); // 读入浮点类型数
6      printf("%.1lf\n", round(val));//输出四舍五入后的 val 值
```

样例输入	样例输出
5.5	6.0
	5.0
	6.0

```
7      printf("%.1lf\n", floor(val));//输出向下取整后的 val 值
8      printf("%.1lf", ceil(val));//输出向上取整后的 val 值
9      return 0;
10 }
```

【编程例题】小理选购地板。

【题目描述】小理终于攒够了钱，买了一套属于自己的房子。虽然房子不大，但在小理心中，这是他梦想的港湾，于是他满心欢喜地开始筹备装修的事宜。来到建材市场，小理在众多的地板样式中挑花了眼，但他始终没有忘记自己的首要任务——计算需要购买多少地板。他知道自家房间的长是 5.6 米，宽是 3.9 米，根据长方形面积公式，房间的面积应该是长乘以宽，即 21.84 平方米。然后，他开始研究地板的规格。他看中的地板每块长 m 米，宽 n 米，同样根据长方形面积公式，每块地板的面积为 n*m 平方米。现在他想知道自己需要买多少地板才够铺满家里（假设需要 50.7317 块地板，但地板只能整块购买，所以最后需要 51 块地板）。

【输入格式】输入共一行，包含两个浮点数，分别表示 m、n。

【输出格式】输出共一行，包含一个整数，即最终需要多少块地板。

【解析】根据题意，可以计算出每块地板的面积。可以利用公式"总面积/单块地板面积"计算出需要多少块地板，计算的结果是一个浮点数，但是数量是一个整数，实际生活中不存在购买 0.24 块砖。所以当存在需要 0.24 块砖时，需要购买一整块砖。对计算结果进行"向上取整"，只要存在小数，就调整到更大的整数。

【代码实现】

```
1  #include <cstdio>
2  #include <cmath>
3  int main() {
4      double n, m;
5      int cnt;
6      scanf("%lf %lf", &n, &m);
7      cnt = ceil(21.84 / (n * m));
8      printf("%d", cnt);
9      return 0;
10 }
```

样例输入	样例输出
1.23 0.35	51

9.2   补充运算符

除了基本的算术运算符，C++语言还提供了一些用于简化编码的运算符，包括复合赋值运算符、自增自减运算符。

本节主要介绍 5 个常用的复合赋值运算符：加法赋值运算符(+=)、减法赋值运算符(-=)、乘法赋值运算符 (*=)、除法赋值运算符 (/=)、求余赋值运算符 (%=)。这些运算符简化了代码的表达，在左侧的变量基础上进行运算，也就是说先进行运算后进行赋值，将赋值与运

算写在一起简化表达。

```
1  int a = 3, sum = 0;
2  sum += a; // sum 值为 3
3  sum = sum + a; // sum 值为 6
```

其中，语句 sum = sum + a;与 sum += a;等价，均表示计算 sum + a 的值并重新赋回 sum 变量。

自增和自减运算符共有两个：++（自增运算符）和--（自减运算符）。自增运算符用于简化+1 操作，例如，可以将语句 x = x + 1;简化为 x++；自减运算符用于简化-1 操作，例如，可以将语句 x = x - 1;简化为 x--。

自增和自减运算符可以置于变量的前面或后面，分别称为前置形式（如++i）和后置形式（如 i++）。i++和++i 虽然在运算效果上是相似的，但在特殊场景下存在差异，在后续章节我们会进行阐述。

9.3　练　　习

9.3.1　选择题

1. ceil(x)的计算结果是（　　　　）。
   A. 大于或等于 x 的最小整数　　　　B. 小于或等于 x 的最大整数
   C. x 四舍五入的整数　　　　　　　　D. 上述选项均错误
2. 下列对于 ceil()描述错误的是（　　　　）。
   A. 需要包含头文件 #include<cmath>
   B. 作用是将 double 类型的数值向上取整
   C. ceil(4.2)的结果是 4
   D. ceil()计算后的结果是 double 类型
3. 下列表达式计算结果错误的是（　　　　）。
   A. (int)3.5 的结果为 3　　　　　　　B. ceil(3.5)的结果为 4.0
   C. round(3.5)的结果为 4.0　　　　　D. floor(3.5)的结果为 4.0
4. C++语言中，下列哪条语句可以输出 3?（　　　　）
   A. printf("%.4lf", ceil(2.8));　　　　B. printf("%d", (int)ceil(3.2));
   C. printf("%d", (int)round(2.8));　　D. printf("%d", (int)floor(2.8));

9.3.2　判断题

5. （　　　　） (int)3.14 最终的结果为 3。
6. （　　　　） floor(-3.14)最终的结果为-3。
7. （　　　　） printf("%.4lf", x);，输出一个 double 类型的变量，四舍五入保留 4 位小数。

8.（   ）ceil(x)总是返回大于 x 的整数。

9.（   ）使用 round()，ceil()，floor()需要包含头文件<cmath>。

9.3.3　填空题

10. 如果 x 是 3.5，则 round(x)的结果是_____。

11. 如果 x 是-3.5，则 ceil(x)的结果是_____。

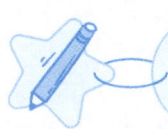

第二部分

选择结构

本部分主要介绍"如何让代码有选择地执行"。

选择结构是编程中的关键环节，它要求程序能够根据条件进行判断。本部分的主要知识框架如下。

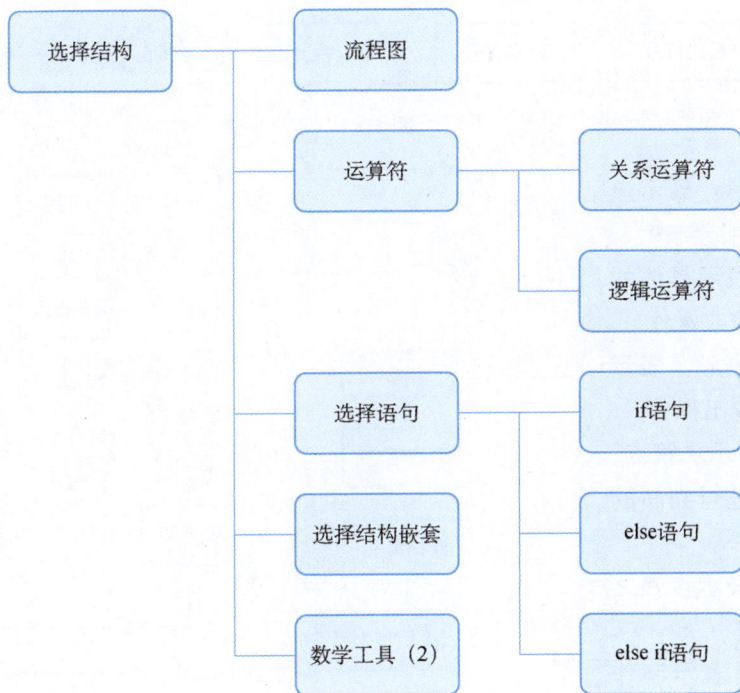

```
选择结构 ─┬─ 流程图
          │
          ├─ 运算符 ─┬─ 关系运算符
          │          │
          │          └─ 逻辑运算符
          │
          ├─ 选择语句 ─┬─ if语句
          │            │
          ├─ 选择结构嵌套  └─ else语句
          │            │
          └─ 数学工具（2）─ else if语句
```

第10章 一步一步真清晰——流程图

在生活中，许多任务需要按照一定的顺序逐步执行。例如：

☑ 制作三明治：取出面包→涂抹黄油→加入火腿和生菜→合上面包。

☑ 报名等级考试：登录网站→单击"报名"→上传资料→缴费。

按照一定顺序执行的步骤称为流程。为了更清晰地表达这些流程，我们通常采用图形进行描述，这种图形称为流程图。

10.1 流 程 图

流程图是一种用图形符号表示流程的方式，能够直观地展示每个步骤及其之间的关系。常见的流程图符号如图10.1所示。

图 10.1

☑ 圆角矩形：表示流程的开始或结束。

☑ 矩形：表示具体的处理步骤或操作。

☑ 平行四边形：表示输入或输出操作。

☑ 菱形：表示决策点，即需要进行判断的地方。

☑ 箭头：表示步骤之间的流向。

使用流程图表示制作三明治的流程，如图10.2所示。使用流程图表示去超市买菜的步骤，如图10.3所示。

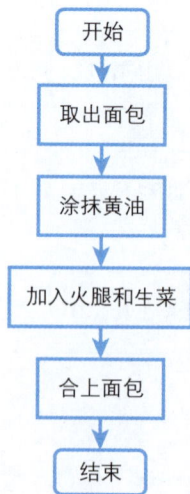

图 10.2

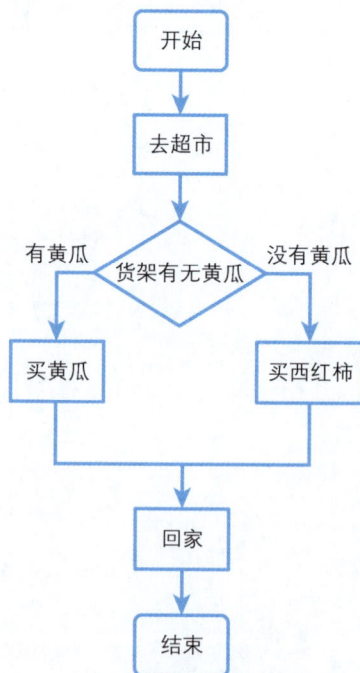

图 10.3

想一想

如图 10.4 所示，该流程图的输出结果是什么？

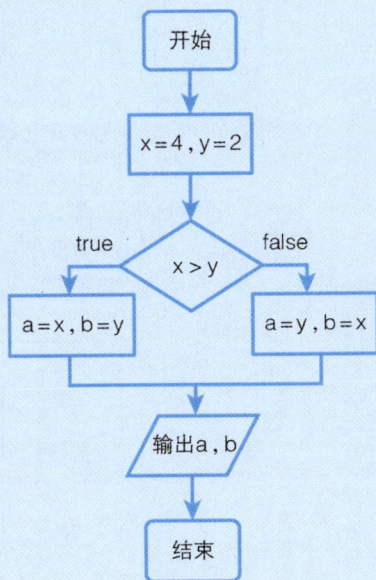

```
        开始
         │
         ▼
    x = 4 , y = 2
         │
         ▼
  true  ◇ false
  ┌──── x > y ────┐
  ▼               ▼
a = x , b = y   a = y , b = x
  └───────┬───────┘
          ▼
      输出 a , b
          │
          ▼
        结束
```

图 10.4

10.2　练　习

1. 下列对于流程图的描述错误的是（　　　）。

   A. 圆角矩形表示流程的开始或结束

   B. 箭头表示步骤之间的流向

   C. 菱形表示输入或输出操作

   D. 矩形表示具体的处理步骤

2. 依照流程图 10.5，"涂抹黄油"的下一个步骤是（　　　）。

   A. 取出面包　　　　　　　　　B. 加入火腿和生菜

   C. 合上面包　　　　　　　　　D. 涂抹番茄酱

3. 依照流程图 10.6，如果超市里没有黄瓜，买什么回家？（　　　）

   A. 黄瓜　　　　　　　　　　　B. 玩具

   C. 零食　　　　　　　　　　　D. 西红柿

4. 如图 10.7 所示，输入 x 为 5，输出 x 等于多少？（　　　）

   A. 5　　　　　　B. 2　　　　　　C. 20　　　　　　D. 10

5. 如图 10.8 所示，输入 x 为 2，y 为 4，输出 a 等于多少？（　　　）

   A. 1　　　　　　B. 0　　　　　　C. 2　　　　　　D. 4

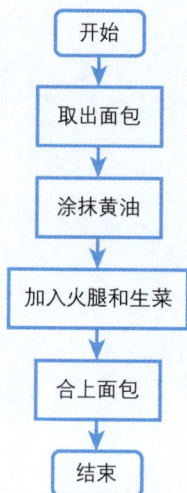

图 10.5

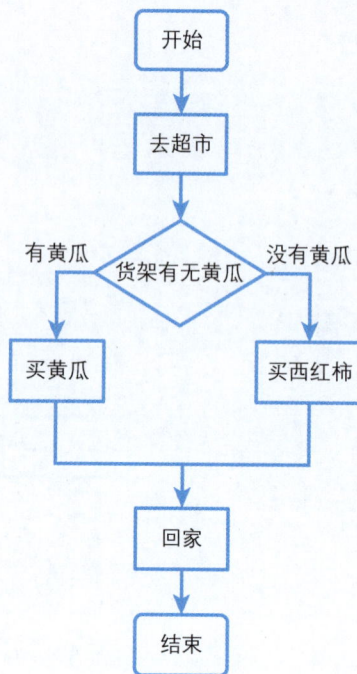

图 10.6

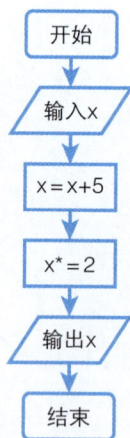

图 10.7

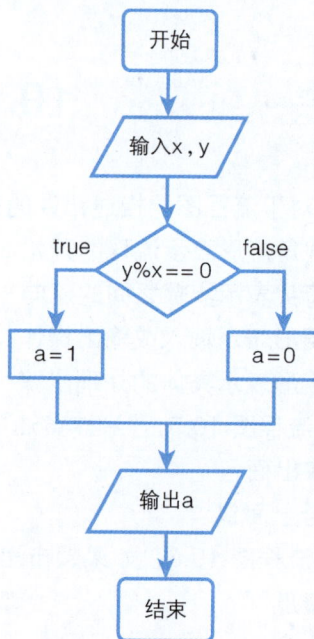

图 10.8

第11章 比较整数——选择结构（1）

11.1 布尔类型

在数学中，逻辑值用于表示真假。在 C++语言中，布尔类型（bool）用于存储逻辑值，其中 true 表示逻辑真，false 表示逻辑假。布尔类型可以存储 true 和 false 两个逻辑值。在 C++语言中，非零数值（通常为 1）被视为"真"，数值 0 被视为"假"。示例代码如下。

```
1  #include <cstdio>
2  int main() {
3      bool f; // 定义布尔类型变量 f
4      f = true; // 将 true 赋值给变量 f
5      return 0;
6  }
```

知识补充

布尔类型之所以得名"布尔类型"，是因为它源自 19 世纪的英国数学家乔治·布尔（George Boole）。乔治·布尔在逻辑学领域做出了重要贡献，提出了一种处理逻辑命题的方法，这种方法后来被命名为布尔代数。布尔类型的命名正是为了纪念乔治·布尔及其布尔代数对逻辑学和计算机科学的重大贡献。

11.2 关系运算符

关系运算符用于比较两个表达式之间的关系，其运算结果是一个逻辑值，即：如果关系成立，则结果为 true；如果关系不成立，则结果为 false。C++语言中的关系运算符共有 6 种，如表 11.1 所示。

表 11.1

大 于	小 于	大于或等于	小于或等于	不 等 于	等 于
>	<	>=	<=	!=	==

☑ 0>=60 的结果为 false，因为表达的关系是错误的，0 不大于或等于 60；

☑ 3%2==1 的值为 true，因为表达的关系是正确的，3 除以 2 的余数是 1。

程序示例：输入两个整数 a，b，输出 a>=b 的结果。

```
1  #include <cstdio>
2  int main() {
3      int a, b;
4      scanf("%d %d", &a, &b);//读入两个整数
5      printf("%d", a >= b);//以整数形式输出 a>=b 的运算结果
6  }
```

样例输入	样例输出
2 3	0

> **知识补充**
>
> 需要两个操作数/表达式参与运算的运算符称为双目运算符，前面章节已经讲解了赋值运算符、算术运算符和关系运算符。这些运算符都属于双目运算符。
>
> 赋值运算符：用于将值赋给变量。例如，a=5 表示将数值 5 赋值给变量 a。
>
> 算术运算符：用于进行数学计算。例如，a+b 表示计算变量 a 和 b 的和。
>
> 关系运算符：用于比较两个值的大小。例如，a>b 用于判断 a 是否大于 b。
>
> 这些运算符的特点是都需要两个操作数/表达式参与运算，因此被称为双目运算符。第 14 章将会讲解逻辑非运算符，该运算符为单目运算符，仅需要一个操作数/表达式参与运算。

11.3 选择结构

我们之前学习的程序结构称为顺序结构，即程序从上到下依次执行每条语句。然而，在实际生活中，我们会遇到需要根据条件做出选择的情况。例如：

家长让我们去超市买菜。临走前，妈妈说："如果超市有黄瓜，那就买点黄瓜；如果超市有西红柿，也买点西红柿。"

总结妈妈的话，我们可以得出以下逻辑：只有在超市有黄瓜的情况下，才会购买黄瓜；同样，只有在超市有西红柿的情况下，才会购买西红柿。换句话说，只有在满足特定条件时，才会执行相应的操作。

在编程中，我们也需要让程序在满足特定条件时执行相应的代码，而在不满足条件时跳过这些代码。为此，我们使用 if 语句实现这种选择结构，即根据条件的结果执行不同的操作。if 语句语法结构如下，其执行流程如图 11.1 所示。

```
1  if (/* 条件表达式 */) {
2      /* 复合语句 */
3  }
```

条件表达式：条件表达式是一个可以被计算的表达式。当条件表达式的计算结果为 true 时，后续代码块内的语句将被执行。

代码块/复合语句：代码块（或复合语句）是一组由花括号{}包围的语句，这些语句将在条件表达式为 true 时执行（如果代码块中仅包含一条语句，则可以省略花括号）。

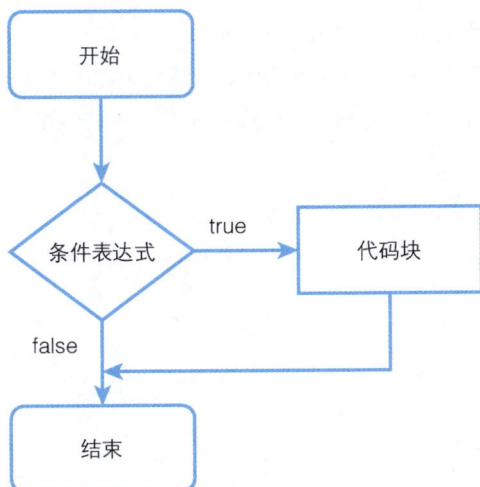

图 11.1

在 if(…){…}语句中，圆括号()与花括号{}之间不可以添加分号。如果添加分号，程序会跳过条件判断，直接执行复合语句；即使 if 语句的条件为 true，也没有语句可执行。

```
1   int x = 10;
2   if (x > 5) {
3       printf("x is greater than 5");
4   }
```

在上述代码中，x 的初始值为 10。第 2 行的条件表达式 x>5 的运算结果为 true，因此程序会执行代码块中的语句。最终输出 x is greater than 5。

想一想

```
if(x = 3)
    printf("x is 3");
```

该语句能否判断 x 的值为 3？

【编程例题】勇士的挑战。

【题目描述】在一个遥远的国度，有一位叫小理的勇士。一天，他听说在一座神秘的山上有一座古老的神庙，神庙中藏有无尽的宝藏。但要进入神庙，必须通过一系列挑战。小理来到山脚下，看到一块石碑，上面写着："只有当你的力量值大于 80 时，才能继续前进。"现在给出小理的力量值，请你判断小理是否能够继续前进。

【输入格式】输入共一行，包含一个整数，表示勇士的力量值。

【输出格式】输出共一行，如果力量值大于 80，输出 Set out on the journey；如果力量值小于或等于 80，输出 Keep exercising。

【数据范围】勇士的力量值均在 int 范围内。

【解析】通过阅读题目可知，需要判断输入的整数与 80 的关系。如果输入的整数大于 80，则输出 Set out on the journey；如果输入的整数小于或等于 80，则输出 Keep exercising。严格按照题目描述运行逻辑。

【代码实现】

```
1  #include <cstdio>
2  int main() {
3      int x;
4      scanf("%d", &x);
5      if(x > 80)
6          printf("Set out on the journey");
7      if(x <= 80)
8          printf("Keep exercising");
9      return 0;
10 }
```

样例输入	样例输出
90	Set out on the journey

【编程例题】水果促销。

【题目描述】小理水果店正在进行促销活动。如果顾客购买苹果和香蕉的总重量超过 10 千克（假设苹果重量为 a 千克，香蕉重量为 b 千克），那么总价可以打 8 折优惠；如果总重量小于或等于 10 千克，则没有折扣。已知苹果每千克 5 元，香蕉每千克 3 元。现在请你帮忙计算顾客需要支付的金额。

【输入格式】输入两个整数，分别表示苹果的重量 a 和香蕉的重量 b。

【输出格式】输出一个浮点数，表示顾客需要支付的金额，保留两位小数。

【数据范围】$a \geq 1$，$b \leq 10000$。

【解析】通过阅读题目可知，需要判断 a+b 与 10 的关系：当 a+b>10 时，总价可以 8 折优惠，即(5*a+3*b)*0.8；当 a+b≤10 时，总价没有折扣，即 5*a+3*b。需要注意输出保留两位小数。

【代码实现】

```
1  #include <cstdio>
2  int main() {
3      int a, b;
4      scanf("%d %d", &a, &b);
5      double ans;
6      if (a + b > 10) // 当两数和大于 10 时
7          ans = (5 * a + 3 * b) * 0.8; // 打 8 折计算总价
8      if (a + b <= 10) // 当两数和小于或等于 10 时
9          ans = 5 * a + 3 * b; // 按照原价
10     printf("%.2lf", ans); // 保留两位小数输出总价
11     return 0;
12 }
```

样例输入	样例输出
6 5	36.00

11.4 练 习

11.4.1 选择题

1. 表达式 3 != 1 的结果类型为（   ）。

    A. int   B. bool   C. char   D. double

2. 下列对于布尔类型描述错误的是（   ）。

    A. bool 类型存储逻辑值

    B. 逻辑值只有两个：真与假

    C. 语句 bool x = 0;存在语法错误

    D. 逻辑真的数值表示为 1，逻辑假的数值表示为 0

3. 下列表达式，结果一定为 true 的是（   ）。

    A. 5 <= 1   B. x == -x   C. x <= x   D. 1 > 2

4. 关于关系运算符，下列描述错误的是（   ）。

    A. 关系运算符!=表示不等于的意思

    B. ==是关系运算符，=是赋值运算符

    C. 关系运算符的计算结果为 true 与 false

    D. a>=b 和 a>=b==true 的结果不相同

5. 请问下列哪个表达式可以用来判断 x 与 y 是否相等？（   ）

    A. x != y   B. x == y   C. x = y   D. x === y

6. 整数 x 满足什么条件时，表达式 x % 3 == 0 的结果为真？（   ）

    A. x 是 2 的倍数   B. x 是 3 的倍数

    C. x 是 4 的倍数   D. x 是 5 的倍数

7. 下列关于 if 语句描述错误的是（   ）。

    A. if 语句能实现选择结构

    B. 如果 if 判断条件为 true，那么执行代码块中的语句

    C. 如果 if 判断条件为 false，那么不执行代码块中的语句

    D. if 语句判断条件圆括号后面要加分号

8. x 为（   ）时，执行 if(x > 0) printf("%d", x);能输出 x。

    A. 正数   B. 非负数   C. 零   D. 负数

11.4.2 判断题

9. （   ）bool 类型的值为 true 或 false，非零数值视为 true，零视为 false。

10. （   ）对于整数 x，表达式!x 在 x 不等于 0 时结果为真。

11.（   ）对于整数 x，if 判断条件 if(x){}和 if(x!=0){}等价。

12.（   ）【2023 年 6 月 1 级】如果 a 为 int 类型的变量，则表达式(a % 4 == 2)可以判断 a 的值是否为偶数。

13.（   ）【2023 年 12 月 1 级】if 语句中的条件表达式的结果可以为 int 类型。

14.（   ）【2024 年 3 月 2 级】bool()函数用于将给定参数或表达式转换为布尔类型。语句 bool(-1)返回的是 false 值。

15.（   ）2024 年 3 月 2 级】cout << (8 < 9 < 10)的输出结果为 true。

11.4.3　填空题

16. 已知 x = 2，y = 3，x < y 的布尔值是＿＿＿＿＿＿。

17. 阅读以下代码并回答问题。

```cpp
1  #include<cstdio>
2  int main() {
3      int x, y;
4      scanf("%d%d", &x, &y);
5      bool a = _____;
6      if(a) {
7          printf("good");
8      }
9  }
```

（1）如果要求 x 和 y 相等时输出 good，横线处填＿＿＿＿＿＿。

（2）如果要求 x 大于或等于 y 时输出 good，横线处填＿＿＿＿＿＿。

想一想

　　妈妈让我们去买菜。临走前，她嘱咐道："如果有黄瓜，就买一些；如果没有，就去其他超市。"

　　根据妈妈的要求，条件是是否有黄瓜。如果满足这个条件，我们就买黄瓜；如果不满足，就去其他超市。

　　在 C++代码中，我们可以使用 if-else 语句来实现类似的功能。当条件满足时，执行代码块 A；当条件不满足时，执行代码块 B。这种结构非常有用，可以帮助程序根据不同的情况做出不同的决策。以下是关于选择结构的一个代码示例。

```
1  bool hasCucumbers = true; // 假设超市有黄瓜
2  if (hasCucumbers) {
3      printf("买黄瓜 ");
4  } else {
5      printf("去其他超市 ");
6  }
```

12.1　if-else 语句

if-else 语句用于在条件满足或不满足时执行不同的代码块，其结构如下。

```
1  if (/* 条件表达式 */) {
2      /* 复合语句 1 */
3  }
4  else {
5      /* 复合语句 2 */
6  }
```

　　当条件表达式计算结果为 true 时，执行复合语句（代码块）1；当条件表达式计算结果为 false 时，执行复合语句（代码块）2。if-else 语句的流程图如图 12.1 所示。

注意

　　在 C++语言中，if 与 else 可以联合使用以构成一个选择结构。此外，if 也可以单独作为一个选择结构。然而，else 不能独立使用，它必须跟随在一个 if 语句之后。这种结构的设计确保了程序逻辑的清晰性和可维护性。

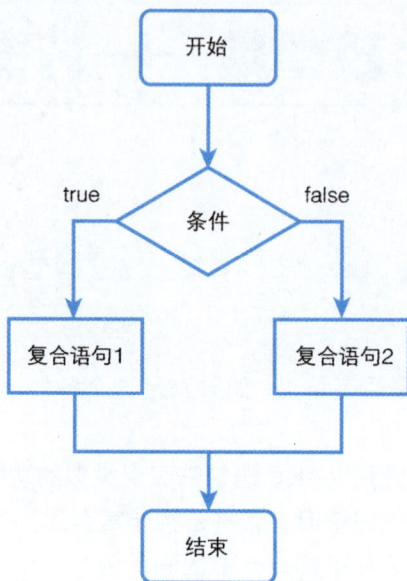

图 12.1

12.2　01 变换

想一想

在计算机科学领域，位翻转被视为一种广泛使用的操作，尤其在数据加密、解密及图像处理等领域有着重要作用。其工作原理主要是通过对数值执行反转操作（即将 1 变为 0，将 0 变为 1）来实现特定目标。

了解了基本原理之后，让我们来看一个实际应用中的简单示例：假设有一个名为 x 的变量，其中存储着 0 或 1，请问应如何编写一段代码来完成变量 x 的翻转呢？

接下来的问题是如何编写代码来翻转这个变量的值。下面首先展示一段错误的示例代码。

```
1  int x = 1;
2  if(x == 1)
3      x = 0;
4  if (x == 0)
5      x = 1;
6  printf("%d", x);
```

代码的最终执行结果是 1。变量 x 看起来没有发生改变，为什么会得到这样的结果？

从上到下依次执行代码：执行到第 2 行时，x==1 的结果为 true，执行 x = 0，此时 x 翻转为 0；继续执行到第 4 行时，因为 x == 0 的结果为 true，执行 x = 1，x 被重新调整为 1。

正确的示例代码如下。

```
1  int x = 1;
2  if(x == 1) // 当 x 为 1 时，将 x 调整为 0
3      x = 0; // 执行后，从第 6 行继续执行
4  else // 当 x 不为 1 时，说明 x 为 0，将 x 调整为 1
5      x = 1; // 执行后，从第 6 行继续执行
6  printf("%d", x);
```

【编程例题】公园游船租赁。

【题目描述】在一个风景优美的公园湖面上，游客可以租赁游船游玩。设租赁时长为 t 小时，如果游客租赁游船的时长 t 小于或等于 2 小时，每小时租金为 30 元；否则当游客租赁游船的时长 t 大于 2 时，每小时租金为 25 元。现在，小理要租赁游船，请根据他租赁的时长计算他需要支付的租金。

【输入格式】输入一个浮点数，表示游客租赁游船的时长。

【输出格式】输出一个浮点数，表示游客需要支付的租金，保留两位小数。

【数据范围】数据均在 double 范围内。

【解析】通过阅读题目可知，需要判断游船的时长 t 与 2 的关系，当 t≤2 时，最终需要支付的租金为 30*t；否则，最终需要支付的租金为 25*t。需要注意输出保留两位小数。

【代码实现】

```
1  #include <cstdio>
2  int main() {
3      double t, money;
4      scanf("%lf", &t);
5      if (t <= 2)
6          money = 30 * t;
7      else
8          money = 25 * t;
9      printf("%.2lf", money);
10     return 0;
11 }
```

样例输入	样例输出
1.5	45.00

🌼 **知识补充**

在 C/C++ 语言中，三目运算符（也称为条件运算符）是一种简洁的条件判断工具，其语法形式为（条件表达式 ? 表达式 1 : 表达式 2）。当条件表达式结果为 true 时，整个表达式的结果为表达式 1；否则结果为表达式 2。参考程序如下。

```
int a = 5, b = 10;
int max = (a > b) ? a : b; // 如果 a > b 成立，则 max = a；否则 max = b
```

在实际编程中，可以使用三目运算符替代简单的 if-else 语句。

12.3　练　　习

12.3.1　选择题

1. 对于选择结构的描述中，错误的是（　　　　）。

   A. 选择结构能通过 if 语句实现

   B. 当 if 条件不满足时，执行 if 代码块

   C. if-else 结构中，如果条件满足，会执行 if 代码块

   D. if-else 结构中，如果条件不满足，会执行 else 代码块

2. 如图 12.2 所示，用 if-else 结构实现的流程图，/* 1 */和/* 2 */处应填（　　　　）。

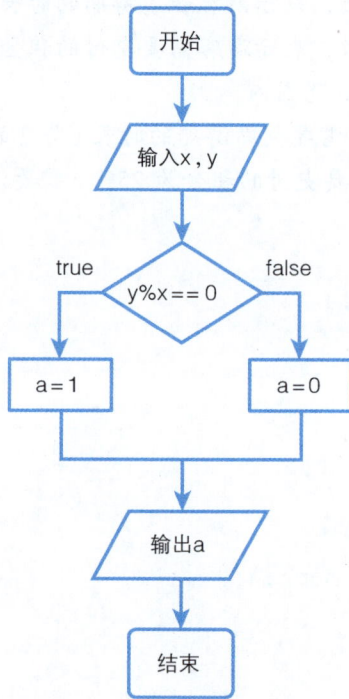

图 12.2

```
1  int x, y, a;
2  scanf("%d%d", &x, &y);
3  if(y % x == 0) {
4      /* 1 */;
5  }
6  else {
7      /* 2 */;
8  }
```

```
9  printf("%d", a);
```

A. a=1 和 a=0
B. a=0 和 a=1
C. a=0 和 a=0
D. a=1 和 a=1

3. 执行下列程序，输入-3 会输出（　　）。

```
1  int x;
2  scanf("%d", &x);
3  if(x > 0) {
4      printf("%d", x);
5  }
6  else {
7      printf("%d", -x);
8  }
```

A. 3　　　　　　　B. 0　　　　　　　C. -3　　　　　　　D. 2

4.【2023 年 12 月 1 级】假设现在是上午 10 点，求出 N 小时（正整数）后是第几天几时，例如，输入 20 小时，结果为第 2 天 6 点；输入 4 小时，结果为今天 14 点。为实现该功能，应在横线处填写的代码是（　　）。

```
1  int N, dayX, hourX;
2  cin >> N;
3  dayX =      _____, hourX =     ____;
4  if (dayX == 0)
5      cout << "今天 " << hourX << "点 ";
6  else
7      cout << "第 " << (dayX + 1) << "天 " << hourX <<"点 ";
```

A. (10 + N) % 24；(10 + N) / 24
B. (10 + N) / 24 ；(10 + N) % 24
C. N % 24；N / 24
D. 10 / 24 ；10 % 24

5.【2023 年 12 月 1 级】下面的程序用于判断 N 是否为偶数，横线处应填写代码（　　）。

```
1  cin >> N;
2  if (_____)//在此处横线填入代码
3      cout << "偶数 ";
4  else
5      cout << "奇数 ";
```

A. N % 2 == 0
B. N % 2 = 0
C. N % 2
D. N % 2 != 0

6.【2024 年 3 月 2 级】有句俗话叫"三天打鱼，两天晒网"。如果小杨前三天打鱼，后两天晒网，一直重复这个过程，以下程序代码用于判断第 n 天小杨是在打鱼还是晒网，/* 1 */处应填写（　　）。

```
1  int n,i;
```

```
2  cin >> n;
3  i = n % 5;
4  if (/* 1 */) // 在此处填写代码
5      cout << "晒网";
6  else
7      cout << "打鱼";
```

A. i == 0   B. i == 4   C. i==0 && i == 4   D. i==0 || i==4

12.3.2   判断题

7. (   ) 下面的代码写错了，无论 x 是否等于 0，都输出"不是 0"。

```
1  if(x = 0)
2      printf("0");
3  else
4      printf("不是 0");
```

8. (   )【2023 年 6 月 1 级】if 语句可以没有 else 子句。

12.3.3   填空题

9. 阅读以下代码回答问题。

```
1  #include <cstdio>
2  int main() {
3      int x;
4      scanf("%d", &x);
5      if(/* 1 */) {
6          printf("ok");
7      }
8      else {
9          printf("%d", /* 2 */);
10     }
11 }
```

上面的程序判断输入的 x 是否是 3 的倍数。如果是，输出 ok；如果不是，则输出 x 整除 3 的余数，那么/* 1 */应该填_____，/* 2 */应该填_____。

第13章 比较整数——选择结构（3）

> 妈妈嘱咐小理："如果看到有黄瓜，就买一些；如果没有，就看看有没有西红柿，有就买，没有就去其他超市。"

在这个示例中，存在三个事件和两个条件，它们紧密相连。首先，检查是否有黄瓜出售：如果有，则直接购买黄瓜，流程结束；如果没有，则进入下一步判断——查看是否有西红柿可供购买。如果西红柿有售，则购买西红柿；如果没有，则前往另一家超市寻找所需物品。

为了构建这样一个逻辑结构，需要设定一系列待检测的条件，总体目标是逐个验证这些条件，直到找到第一个满足要求的情况。此时，将执行相关联的操作，并忽略剩余的所有条件。以下是详细的实现步骤：

（1）如果条件 A 未被满足，则继续评估条件 B 的状态。

（2）若条件 B 也不符合标准，接下来依次审查其他预设条件。

（3）发现某条件成立时，则立即执行相应的代码块，终止其余条件的判断过程。

13.1　else if 语句

else if 语句允许在前一个条件不成立时继续判断其他条件，与 if 语句一起形成选择结构的判断链，代码结构如下。

```
1  if (/* 条件表达式 1 */) {
2      /* 复合语句 1 */
3  }
4  else if(/* 条件表达式 2 */) {
5      /* 复合语句 2 */
6  }
```

当条件表达式 1 的计算结果为 true 时，执行复合语句 1，并跳过后续的 else if 语句，直接执行选择结构之后的语句；当条件表达式 1 的计算结果为 false 时，继续执行选择结构并判断条件表达式 2。当条件表达式 2 的计算结果为 true 时，执行复合语句 2，并跳过后续的 else if 语句；如果计算结果为 false 时，则判断后续的表达式。如果后续没有其他判断条件表达式，则该结构不执行任何代码。

想一想

小理要去超市买水果，妈妈交代："如果有西瓜，那就买一些；如果没有西瓜，就看看有没有草莓，有就买，没有就换一家超市。"如果超市里既有西瓜也有草莓，小理会买什么？

【编程例题】小理家的电费。

【题目描述】夏天到了，各户用电量显著增加，电费也随之增加。小理家今天收到了一份电费通知单，通知单上列出了以下计费规则。

（1）月用电量在150千瓦时及以下部分，按每千瓦时0.4463元计费；

（2）月用电量在[151, 250]千瓦时的部分，按每千瓦时0.4663元计费；

（3）月用电量在[251, 500]千瓦时的部分，按每千瓦时0.5663元计费；

（4）月用电量在501千瓦时及以上部分，按每千瓦时0.6663元计费。

小理想验证电费通知单上应交电费的数额是否正确。请编写一个程序，已知的用电总量和电价规则，计算应交的电费。

【输入格式】输入共一行，包含一个正整数，表示用电总量（单位：千瓦时），不超过10000。

【输出格式】输出共一行，包含一个数，保留到小数点后1位（单位：元）。

【解析】通过阅读题目可知，电费每部分是按照不同的公式进行计算的，不同的部分具有连贯性，如图13.1所示。

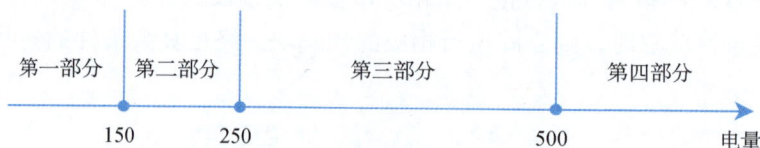

| 第一部分 | 第二部分 | 第三部分 | 第四部分 |
| 150 | 250 | 500 | 电量 |

图13.1

（1）当用电量在第一部分时，电费：x*0.4463。

（2）当用电量在第二部分时，电费：第一部分66.945+(x-150)*0.4663。

（3）当用电量在第三部分时，电费：第一部分66.945+第二部分46.63+(x-250)*0.5663。

（4）当用电量在第四部分时，电费：第一部分66.945+第二部分46.63+第三部分141.575+(x-500)*0.6663。

【代码实现】

```
1  #include <cstdio>
2  int main() {
3      int x;
4      double money = 0;
5      scanf("%d", &x);
6      if (x <= 150) // 电量在第一部分
7          money = x * 0.4463;
8      else if (x <= 250) // 电量在第二部分
9          money = 66.945 + (x - 150) * 0.4663;
```

样例输入	样例输出
267	123.2

```
10      else if (x <= 500) // 电量在第三部分
11          money = 66.945 + 46.63 + (x - 250) * 0.5663;
12      else // 电量在第四部分
13          money = 66.945 + 46.63 + 141.575 + (x - 500)* 0.6663;
14      printf("%.1lf", money);
15      return 0;
16      }
```

13.2　多分支选择结构

选择结构主要由三种语句构成，形成一个逻辑链：以 if 语句开头，通过 else if 语句连接中间部分，最后以 else 语句结尾。

☑ if 语句：作为选择结构的开头，负责提供第一个条件判断。

☑ else if 语句：作为选择结构的中间部分，负责前一个条件被否定后进行后续的条件判断。

☑ else 语句：作为选择结构的结尾，负责处理所有先前条件均不满足时的情况。

🌞 注意

一个选择结构最多运行一个代码块。

一个选择结构中只能有一个 if 语句，可以有多个 else if 语句，可以没有 else 语句。

多分支选择结构程序示例如下，根据变量 x 的不同值执行相应的代码块程序，注意观察输出内容的变化。

```
1  if(x%2==0)
2    printf("x%2==0");
3  else if(x%2==1)
4    printf("x%2==1");
5  else if(x==3)
6    printf("x==3");
7  else
8    printf("no");
```

当 x 为 6 时，第一个条件满足，执行第一个代码块，输出 x%2==0。

当 x 为 1 时，第一个条件不满足，但第二个条件满足，因此执行第二个代码块，输出 x%2==1。

当 x 为 3 时，第一个条件不满足，但第二个条件满足，因此执行第二个代码块并跳过后续判断。因此，第三个条件不会被判断，x==3 也不会被输出。

由于 x 取任意值时，第一个条件或第二个条件至少有一个条件会被满足，因此 no 永远不会被输出。

13.3 练 习

13.3.1 选择题

1. 下面哪个选项不是 if 选择结构的组成部分？（　　　）

　　A. if　　　　　B. else if　　　　　C. else　　　　　D. return

2. 妈妈对小理说：如果放学后没有运动会排练，就去超市买酱油；如果有运动会排练，就问问爸爸今天晚上是否回家吃饭。如果爸爸回家吃饭，就让爸爸买酱油。小理有运动会排练，爸爸晚上回家吃饭，那么谁买了酱油？（　　　）

　　A. 妈妈　　　B. 爸爸　　　C. 小理　　　D. 都没买

3. 下列关于选择结构描述错误的是（　　　）。

　　A. 一个 if 语句后只能有一个 else if 语句

　　B. 如果 if 语句后的条件不满足，再判断 else if 语句后的条件

　　C. 最后一个 else if 语句后可以没有 else 语句

　　D. 如果 else if 语句的条件都不满足，进入 else 语句块

4. 对于以下代码，描述错误的是（　　　）。

```
1  if(x >= 90)
2      printf("优秀");
3  else if(x >= 80)
4      printf("很好");
5  else if(x >= 60)
6      printf("及格");
7  else
8      printf("重写");
```

　　A. 如果输出"很好"，说明 x 大于或等于 80，且小于 90

　　B. 如果 x 等于 59，那么输出"重写"

　　C. 如果 x 等于 95，那么 if 和 else if 中的三个判断条件都满足，输出"优秀很好及格"

　　D. 如果 x 等于 60，那么输出"及格"

5. 当 x 为 15 时，执行完下列代码，请问输出结果为（　　　）。

```
1  if(x % 2 == 0)
2      printf("2");
3  else if(x % 3 == 0)
4      printf("3");
5  else if(x % 5 == 0)
6      printf("5");
7  else
```

```
8        printf("2, 3, 5 都不是 x 的因子");
```

A. 2　　　　　　B. 3　　　　　　C. 5　　　　　　D. 35

6.【2023 年 9 月 1 级】下面 C++ 代码执行后的输出是（　　　）。

```
1  int m = 14;
2  int n = 12;
3  if(m % 2 == 0 && n % 2 == 0)
4      cout << "都是偶数 ";
5  else if (m % 2 == 1 && n % 2 == 1)
6      cout << "都是奇数 ";
7  else
8      cout << "不都是偶数或奇数 ";
```

A. 都是偶数　　　　　　　　　　B. 都是奇数

C. 不都是偶数或奇数　　　　　　D. 以上说法都不正确

7.【2024 年 3 月 1 级】下面 C++ 代码执行时输入 21 后，有关描述正确的是（　　　）。

```
1  int N;
2  cin >> N;
3  if(N% 3 == 0)
4      cout << "能被 3 整除 ";
5  else if (N % 7 == 0)
6      cout << "能被 7 整除 ";
7  else
8      cout << "不能被 3 和 7 整除 ";
9  cout << endl;
```

A. 代码第 4 行被执行

B. 第 4 和第 7 行代码都被执行

C. 仅有代码第 7 行被执行

D. 第 8 行代码将被执行，因为输入为字符串

13.3.2　判断题

8.（　　　）if 选择结构一定有 if 语句，可以没有 else if 和 else 语句。

9.（　　　）如果选择结构中存在多个 else if 语句，满足条件的代码块都会执行。

10.（　　　）一个 if 选择结构最多运行一个代码块。

11.（　　　）选择结构会出现不运行代码块的情况。

13.3.3　填空题

12. 将下面代码中的 if 结构补充完整。当 a 为 1 时，输出 1；当 a 为 2 时，输出 2；当 a 不是 1 或 2 时，输出 no。

```
1   #include<cstdio>
2   int main() {
3       int a = 1;
4       if(a == 1) {
5           printf("1");
6       }
7       /* 1 */(a == 2) {
8           printf("2");
9       }
10      /* 2 */{
11          printf("no");
12      }
13  }
```

/* 1 */处填_____; /* 2 */处填_____。

第14章　真与真、真与假——逻辑运算

在日常生活中，无论是做出简单的决定还是处理复杂的问题，我们都会遇到不同条件之间的逻辑联系。例如：

"如果这件衣服的价格低于 100 元，并且是我喜欢的颜色，那么我会购买。"这句话中的"并且"表明了两个条件——"价格低于 100 元"和"我喜欢衣服的颜色"——必须同时满足，才会购买。

"如果今天是周末，或者我完成了所有的作业，那么我就可以去看电影。"这里的"或者"表明了两个条件——"今天是周末"和"完成所有作业"——只要满足其中一个条件，我就可以去看电影。

这些"并且""或者"均为逻辑连接词，用于描述条件之间的关系，构建条件语句。在编程语言中，通常使用逻辑运算符将多个条件表达式组合起来，形成复杂的逻辑判断。

14.1　逻辑运算符

在 C++编程语言中，有三种逻辑运算符，分别为：与（&&）、或（||）、非（!）。它们对逻辑值进行计算，最终结果同样是逻辑值。

逻辑与运算符（&&）是双目运算符，用于表示逻辑关系"并且"。只有当&&两边的操作数都为 true 时，结果才是 true，否则结果为 false。逻辑与的真值运算规则如表 14.1 所示。

表 14.1

操作数 1	符　号	操作数 2	结　果
true	&&	true	true
true	&&	false	false
false	&&	true	false
false	&&	false	false

逻辑或运算符（||）是双目运算符，用于表示逻辑关系"或者"。只有当||两边的操作数都为 false 时，结果才是 false，否则结果为 true。逻辑或的真值运算规则如表 14.2 所示。

表 14.2

操作数 1	符　号	操作数 2	结　果
true	||	true	true
true	||	false	true
false	||	true	true
false	||	false	false

逻辑非运算符（！）是单目运算符，用于表示逻辑关系"不是"。逻辑非会对符号后面的逻辑值取反，即将 true 取反为 false，将 false 取反为 true。逻辑非的真值运算规则如表 14.3 所示。

表 14.3

符　号	操　作　数	结　果
！	true	false
！	false	true

示例 1：6 % 2 == 0 && 6 % 3 == 0。

☑ 先计算 6 % 2 == 0，结果为 true；

☑ 再计算 6 % 3 == 0，结果为 true；

☑ 最后计算 true && true，表达式结果为 true。

示例 2：9 % 2 == 0 && 9 % 3 == 0。

☑ 先计算 9 % 2 == 0，结果为 false；

☑ 对于 && 运算，左侧为 false，表达式结果为 false。

示例 3：9 % 2 == 0 || 9 % 3 == 0。

☑ 先计算 9 % 2 == 0，结果为 false；

☑ 再计算 9 % 3 == 0，结果为 true；

☑ 最后计算 false || true，表达式结果为 true。

示例 4：!(3 >= 4)。

☑ 先计算(3 >= 4)，结果为 false；

☑ 最后计算! false，表达式结果为 true。

想一想

（　　）下列哪个表达式结果为真？

A. true == false || false > true

B. true && false && true

C. true && false || true && true

D. false && false || false

程序示例：判断一个数是否同时为 2 和 3 的倍数，若满足条件，输出"YES"，否则输出"NO"，参考代码如下。

```
1  if(x % 2 == 0 && x % 3 == 0)
2      printf("YES");
3  else
4      printf("NO");
```

【编程例题】判断字母大小写。

【题目描述】小理得到了一个字母 c，请你帮他判断它是大写字母还是小写字母。

【输入格式】输入共一行，包含一个字母 c。

【输出格式】输出共一行，包含一个字符串。

☑ 如果 c 为大写字母，输出 capital。

☑ 如果 c 为小写字母，输出 lowercase。

【解析】通过之前字符类型的知识可知：在 ASCII 表中，大写字母 A 至 Z 的 ASCII 码是连续的，小写字母 a 至 z 的 ASCII 码也是连续的。因此，当一个字符是大写字母时，它的 ASCII 码满足大于或等于 A 且小于或等于 Z。因此，判断一个字符 c 是否为大写字母，需要满足 c >= 'A' && c <= 'Z'。小写字母的方式类似。

【代码实现】

```
1  #include <cstdio>
2  int main() {
3      char c;
4      scanf("%c", &c);
5      if (c >= 'A' && c <= 'Z')
6          printf("capital");
7      if (c >= 'a' && c <= 'z')
8          printf("lowercase");
9      return 0;
10 }
```

样例输入	样例输出
a	lowercase

14.2　运算符优先级

表达式中可能包含多个运算符，这些运算符的优先级遵循如下顺序：

（1）自增自减运算符（++x，--x）。

（2）逻辑非（!）。

（3）算术运算符：乘除模（*，/，%）。

（4）算术运算符：加减（+，-）。

（5）关系运算符：大于，大于或等于，小于，小于或等于（>，>=，<，<=）。

（6）关系运算符：等于，不等于（==，!=）。

（7）逻辑与（&&）。

（8）逻辑或（||）。

（9）赋值运算符（=）。

优先级越高的运算符，越先与操作数结合在一起。对于表达式 1+3*4，乘法优先级高于加法，所以表达式会先执行乘法运算，表达式等价于 1+(3*4)。对于表达式 x*++y，表达式等价于 x*(++y)，先计算++y，再计算 x*y。

括号拥有最高的优先级，所有运算都会先运算括号内的部分。

⚙ **注意**

逻辑非（！）具有比关系运算符（<、>、<=、>=、!=、==）更高的优先级，逻辑与（&&）具有比逻辑或（||）更高的优先级。

对于表达式! 3 >= 4：先算!3，结果为 false；再计算 0 >= 4，结果为 false。

对于表达式! (5 >= 3) && 3 <= 4 || (2 < 3 || 3 > 5)，运算顺序如下。

（1）计算第一个括号⇒ !true && 3 <= 4 || (2 < 3 || 3 > 5)。

（2）计算第二个括号⇒ !true && 3 <= 4 || (true || false)。

（3）计算括号内的表达式⇒ !true && 3 <= 4 || true。

（4）计算逻辑非⇒ false && 3 <= 4 || true。

（5）计算关系表达式⇒ false && true || true。

（6）计算逻辑与⇒ false || true。

（7）计算逻辑或⇒ true。

⚙ **想一想**

true && false || false && true 的结果是什么？

自增自减运算符放在变量前（前缀自增自减运算符）与变量后（后缀自增自减运算符）到底有什么区别？具体参考下面两个示例。

程序示例1：

```
1  aplus = a++;// 增加 a，留下 a 改变前的值，看起来 a 是后变化
2  plusb = ++b;// 增加 b，留下 b 改变后的值，看起来 b 是先变化
```

执行代码后，变量 a 与 b 均增加了 1，变量 aplus 拥有 a 改变之前的值，变量 plusb 拥有 b 改变之后的值。

程序示例2：

```
1  int x = 2, y = 1;
2  x = x + y++;
3  printf("%d %d ", x, y);
4  x = 2; y = 1;
5  x = x + ++y;
6  printf("%d %d", x, y);
```

样例输出
3 2 4 2

对于语句 x = x + y++;，先计算后缀自增运算符 y++，留下 y 增加前的值，即 1，再计算 x = x + 1;。

对于语句 x = x + ++y;，先计算前缀自增运算符++y，留下 y 增加后的值，即 2，再计算 x = x + 2;。

当自增（++）或自减（--）运算符置于变量前时，会先进行运算再使用变量的值；而当

这些运算符置于变量后时，则是先使用变量的值再进行运算。

　　为了方便记忆可以简单记为：符号在前先变化，符号在后后变化。虽然简单记法在语义效果上符合实际，但实际上，无论是前缀还是后缀形式，运算都会首先被执行，区别仅在于最终留下的值不同。

14.3　练　　习

14.3.1　选择题

1. 下列哪个不是逻辑运算符？（　　　　）

　　A. ||　　　　　　　　B. \\　　　　　　　　C. &&　　　　　　　　D. !

2. 下列哪个表达式结果为真？（　　　　）

　　A. true && false　　　　　　　　B. false || false

　　C. !true　　　　　　　　D. true || false

3. 下列哪个表达式能表达 "a 与 b 相等并且 a 与 c 相等"？（　　　　）

　　A. a == b || a ==c　　　　　　　　B. a == b && a == c

　　C. a == b == c　　　　　　　　D. a != b && a != c

4. 下列哪个表达式结果为真？（　　　　）

　　A. x > 3 || x <= 3　　　　　　　　B. !0 && 0

　　C. 3 > 4 && 4 > 3　　　　　　　　D. !(x - 3)

5. 对于运算顺序，下列说法错误的是（　　　　）。

　　A. 在表达式没有括号时，先算 && 后算 ||

　　B. 先算关系运算符，再算逻辑运算符

　　C. 如果记不清运算顺序，可以多加几个括号，先算括号内的

　　D. 在表达式没有括号时，先算算术运算符，再算关系运算符

6. 变量 x 为 char 类型，下列哪个表达式能表达 "x 不是数字"？（　　　　）

　　A. x <= '0' || x >= '9'　　　　　　　　B. x < '0' && x > '9'

　　C. !(x > '0' && x < '9')　　　　　　　　D. !(x >= '0' && x <= '9')

7. 变量 x 为 char 类型，下列哪个表达式能表达"x 是小写字母或是大写字母"？（　　　　）

　　A. x >= 'a' && x <= 'z' || x >= 'A' && x <= 'Z'

　　B. (x <= 'a' && x >= 'z') || (x <= 'A' && x >= 'Z')

　　C. x >= 'A' && x <= 'z'

　　D. x >= 'a' || x <= 'z' && x >= 'A' || x <= 'Z'

8. 变量 x 为 char 类型，下列哪个表达式能表达 "x 中的数字字符大于 2 且小于 5"？（　　　　）

　　A. 2 < x < 5　　　　　　　　B. 2 < x-'0' < 5

　　C. x-'0' > 2 && x-'0' < 5　　　　　　　　D. x > 2 && x < 5

9. x 的值为 8, 请问输出是 (　　　)。

```
1  if(x > 0 && x <= 3)
2      printf("spring");
3  else if(x > 3 && x <= 6)
4      printf("summer");
5  else if(x > 6 && x <= 9)
6      printf("autumn");
7  else
8      printf("winter");
```

　　A. spring 　　　　　B. summer 　　　　　C. autumn 　　　　　D. winter

10.【2023 年 9 月 1 级】C++表达式 2 - 1 && 2 % 10 的值是 (　　　)。

　　A. 0 　　　　　B. 1 　　　　　C. 2 　　　　　D. 3

11.【2023 年 9 月 1 级】在 C++语言中, int 类型的变量 x 、y、z 的值分别为 2、4、6, 以下表达式的值为真的是 (　　　)。

　　A. x > y || x > z 　　　　　　　　B. x != z − y

　　C. z > y + x 　　　　　　　　D. x < y || !x < z

12.【2023 年 9 月 1 级】下面 C++代码执行后的输出是 (　　　)。

```
1  int m = 7;
2  if (m / 5 || m / 3)
3      cout << 0;
4  else if (m / 3)
5      cout << 1;
6  else if (m / 5)
7      cout << 2;
8  else
9      cout << 3;
```

　　A. 0 　　　　　B. 1 　　　　　C. 2 　　　　　D. 3

13.【2024 年 9 月 1 级】下面 C++代码执行时输入 14+7 后, 正确的输出是 (　　　)。

```
1  int P;
2  printf("请输入正整数 P:  ");
3  scanf("%d", &P);
4  if(P % 3 || P % 7)
5      printf("第 5 行代码 %d, %d", P % 3, P % 7);
6  else
7      printf("第 7 行代码 %2d", P % 3 && P % 7);
```

　　A. 第 5 行代码 2, 0 　　　　　　　　B. 第 5 行代码 1, 0

　　C. 第 7 行代码 1 　　　　　　　　D. 第 7 行代码 0

14.3.2　判断题

14. (　　　) 判断 x 大于 2 且小于 5 需要写成 x>2 && x<5，不能写成 2<x<5。

15. (　　　) if 语句 if(x <= 4 && x >= 7)能判断 x 是否在 4 和 7 之间。

16. (　　　)【2023 年 3 月 1 级】如果 a 为 int 类型的变量，则表达式(a / 4 == 2)和表达式(a >= 8 && a <= 11)的结果总是相同的。

17. (　　　)【2024 年 6 月 1 级】C++中定义变量 int N，则表达式(!!N)的值也是 N 的值。

18. (　　　)【2023 年 9 月 2 级】a 为 int 类型的变量，则表达式(a >= 5 && a <= 10)与 (5 <= a <= 10)的值总是相同的。

19. (　　　)【2023 年 12 月 2 级】C++表达式 3+2 && 5-5 的值为 false。

20. (　　　)【2023 年 9 月 2 级】C++表达式(2 * 3) || (2 + 5)的值为 67。

14.3.3　填空题

21. 阅读下面两段代码回答问题。

(a)：

```
1  if(x >= 90) {
2      printf("awesome");
3  }
4  else if(x >= 80) {
5      printf("good");
6  }
```

(b)：

```
1  if(x >= 90) {
2      printf("awesome");
3  }
4  if(_____) {
5      printf("good");
6  }
```

第一段代码使用 if-else 结构，第二段代码使用两个 if 结构，横线处填写_____，这两段代码运行结果一致。

第15章 环环相扣——多重选择

15.1 选择结构嵌套

我们已经学习了三种选择结构语句：if 语句、else if 语句和 if else 语句。示例代码如下。if 语句的一般格式如下。

```
1  if(A) {
2      I
3  }
```

else if 语句的一般格式如下。

```
1  if(A) {
2      I
3  }
4  else if(B) {
5      II
6  }
```

if else 语句的一般格式如下。

```
1  if(A) {
2      I
3  }
4  else {
5      II
6  }
```

选择结构之后的复合语句可以包含任意语句。如果在选择结构代码块中嵌套一个选择结构，这种情况称为选择结构嵌套。

嵌套用于在满足一个条件时需要进行进一步判断。例如，存在一个主要条件，只有满足这个条件时，才能进行后续的判断或执行后续的语句。因此，需要在外层额外添加一层选择结构。

如下面的代码所示，为了确保在执行代码 I、选择结构 B 及代码 VI 时，必须满足条件 A，我们在这些部分的整体结构上增加一个选择结构 A，只有当条件 A 满足时，才能执行这些代码。

```
1  if(A) {
```

```
2      I
3      if(B) {
4         II
5      }
6      else {
7         III
8      }
9      VI
10 }
11 else {
12     IV
13 }
```

执行顺序如下：当满足条件 A 时，执行条件 A 后的代码块。先执行 I，再判断条件 B；当满足条件 B 时，执行 II，否则执行 III；最后执行 VI；当不满足条件 A 时，仅执行 IV。

上述代码及其执行步骤对应的流程如图 15.1 所示。

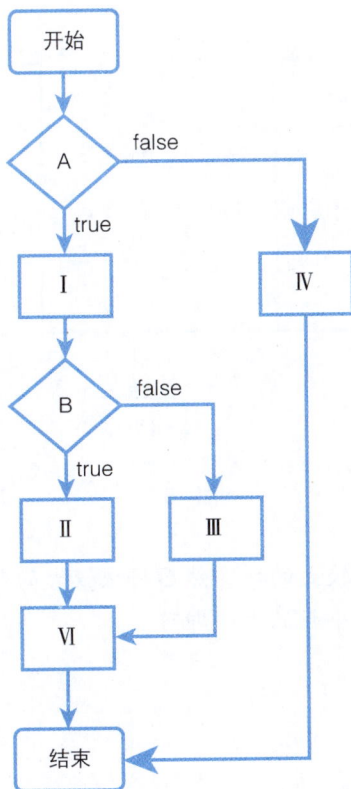

图 15.1

【编程例题】求三个数的大小顺序。

【题目描述】输入三个数，并将这三个数按照由大到小的顺序输出。

【输入格式】输入共一行，包含三个整数，整数之间用一个空格分隔开。

【输出格式】输出共一行，包含三个整数，整数之间用一个空格分隔开。

【解析】判断三个数的大小需要进行两两比较，具体判断过程如图 15.2 所示。

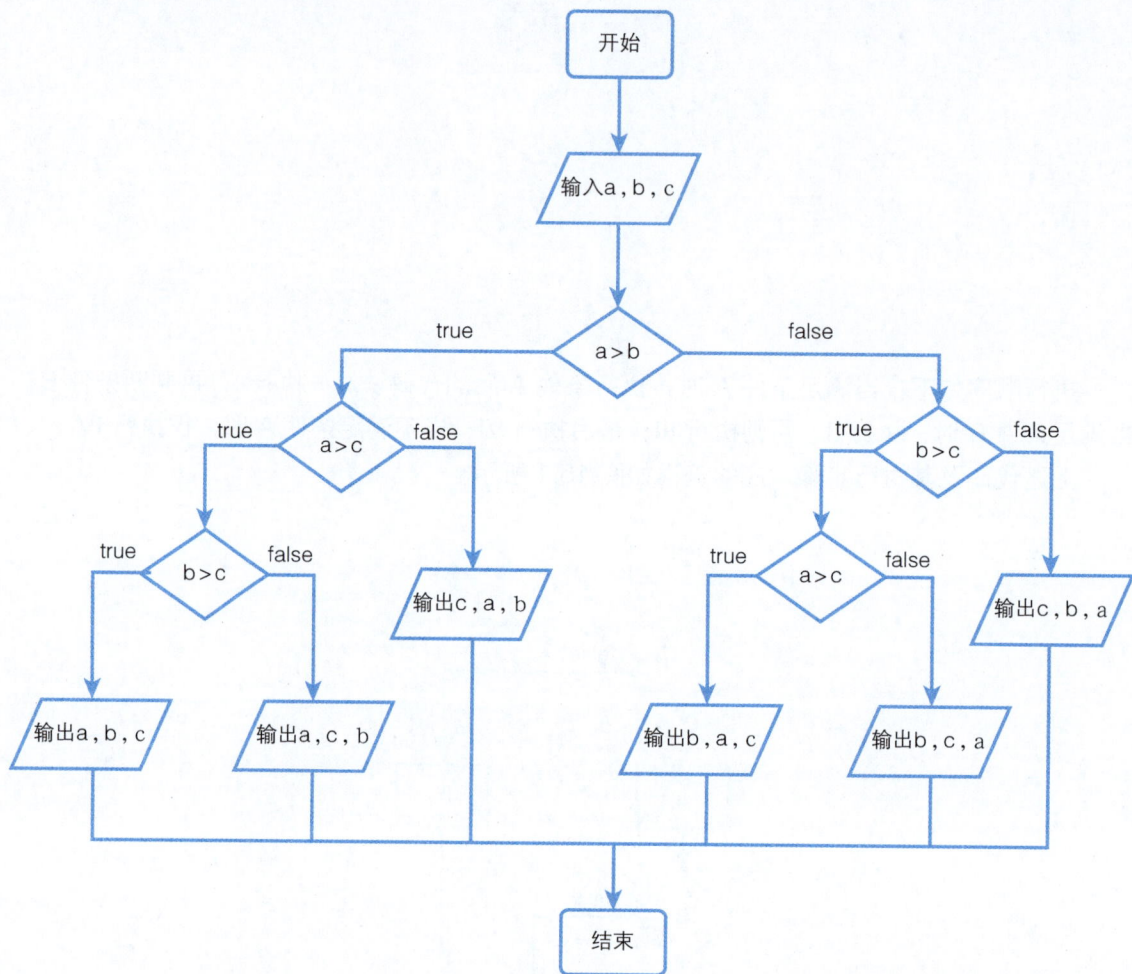

图 15.2

先判断 a 与 b 的关系，找到较大的数，然后将该较大的数与 c 进行比较，可以得出三个数中最大的数，接着判断其余两个数的大小即可。

【代码实现】

```
1  #include<cstdio>
2  int main() {
3      int a, b, c;
4      scanf("%d %d %d", &a, &b, &c);
5      if(a > b) {
6          if(a > c) {
7              if(b > c)
8                  printf("%d %d %d", a, b, c);
```

样例输入	样例输出
3 8 2	8 3 2

```
9             else
10                printf("%d %d %d", a, c, b);
11          }
12       else {
13          printf("%d %d %d", c, a, b);
14       }
15    }
16    else {
17       if(b > c) {
18          if(a > c)
19             printf("%d %d %d", b, a, c);
20          else
21             printf("%d %d %d", b, c, a);
22       }
23       else {
24          printf("%d %d %d", c, b, a);
25       }
26    }
27    return 0;
28 }
```

15.2　switch 语句

switch 语句是 C++中的多分支控制语句，用于根据变量的值选择执行不同的代码块。switch 语句的一般格式如下。

```
1  switch(变量) {
2     case 值 :
3        ...
4        break;
5     case 值 :
6        ...
7        break;
8     default:
9  }
```

一个 switch 语句允许检测一个变量等于多种值的情况，每个值称为一个 case 条件。例如，如果变量 x 可能等于 1、2 或 3，我们可以为每个值设置一个 case。不过，case 后不能写变量，只能使用常量或常量表达式。

当变量的值与 case 条件相等时，执行该 case 的代码块。例如，如果 x == 1，则执行 case 1: 开始的代码。

当没有 case 满足条件时，执行 default 代码块。例如，如果 x 不等于任何 case 中的值，则执行 default 代码块。

break 是一个终止语句，用于跳出 switch 结构，执行后续代码。例如，在 case 代码块的末尾添加 break 可以防止继续执行下一个 case 代码。

【编程例题】DDD。

【题目描述】给定若干个表示长途区号（DDD）的整数，请根据表 15.1 确定并输出长途区号对应的城市名称。

表 15.1

DDD	城市名称
61	Brasilia
71	Salvador
11	Sao Paulo
21	Rio de Janeiro
32	Juiz de Fora
19	Campinas
27	Vitoria
31	Belo Horizonte

如果输入的是表 15.1 中不存在的其他区号，则输出 DDD nao cadastrado。

【输入格式】输入共一行，包含一个整数。

【输出格式】输出共一行，即对应城市名称。如果没有对应城市名称，则输出 DDD nao cadastrado。

【解析】使用 switch 语句，依次判断读入的数值是否与 DDD 区号匹配。当匹配时，执行对应的输出语句。注意输出后需要使用 break;语句。

【代码实现】

```
1  #include <cstdio>
2  int main() {
3      int ddd;
4      scanf("%d", &ddd);
5      switch (ddd) {
6      case 61:
7          printf("Brasilia");
8          break;
9      case 71:
10         printf("Salvador");
11         break;
12     case 11:
13         printf("Sao Paulo");
14         break;
15     case 21:
16         printf("Rio de Janeiro");
```

样例输入	样例输出
11	Sao Paulo

```
17        break;
18    case 32:
19        printf("Juiz de Fora");
20        break;
21    case 19:
22        printf("Campinas");
23        break;
24    case 27:
25        printf("Vitoria");
26        break;
27    case 31:
28        printf("Belo Horizonte");
29        break;
30    default:
31        printf("DDD nao cadastrado");
32    }
33    return 0;
34 }
```

注意

　　当满足某个 case 条件时，程序会从该 case 开始从上而下执行。如果没有 break;语句，程序将继续执行后续的 case 的语句。

15.3　练　　习

15.3.1　选择题

1. 下列关于选择结构描述错误的是（　　　　）。

　　A. 选择结构的代码块中可以嵌套选择结构

　　B. if 语句能实现选择结构

　　C. switch 语句能实现选择结构

　　D. 只有 if 语句能实现选择结构

2. 如果 x=3，则输出为（　　　　）。

```
1  if(x != 0) {
2      if(x > 0) {
3          printf("positive");
4      }
5      else {
6          printf("negative");
7      }
```

```
8  }
9  else {
10     printf("zero");
11 }
```

A. positive   B. negative   C. zero   D. 什么都不输出

3. 如果 x=-6，则输出为（   ）。

```
1  if(x == 0) {
2      printf("zero");
3  }
4  else {
5      if(x > 0)
6          printf("positive");
7      else
8          printf("negative");
9  }
```

A. positive   B. negative   C. zero   D. 什么都不输出

4. switch 选择结构中，下面哪个值不能在 case 后面？（   ）

A. 'a'   B. 1   C. 'a' + 1   D. x > 3

5.【2023 年 12 月 1 级】下面所示的 C++代码将对大写字母'A'到'Z'进行分组，并为每个字母输出其所属的组号。当输入'C'时，输出的组号是（   ）。

```
1  char c;
2  while(1){
3      cin >> c;
4      if(c == 'q') break;
5      switch(c){
6          case 'A': cout << "1 "; break;
7          case 'B': cout << "3 ";
8          case 'C': cout << "3 ";
9          case 'D': cout << "5 "; break;
10         case 'E': cout << "5 "; break;
11         default: cout << "9 ";
12     }
13     cout << endl;
14 }
```

A. 3   B. 3 5   C. 3 5 9   D. 以上都不对

6.【2024 年 3 月 2 级】以下选项中，不能用于表示分支结构的 C++保留字是（   ）。

A. switch   B. return   C. else   D. if

7.【2024 年 6 月 2 级】执行下面的 C++代码时输入 1，则输出是（   ）。

```
1  int month;
```

```
2  cin >> month;
3  switch(month) {
4      case 1:
5          cout << "Jan ";
6      case 3:
7          cout << "Mar ";
8          break;
9      default:
10          ;
11  }
```

A. Jan　　　　　B. Mar　　　　　C. Jan Mar　　　　　D. 以上都不对

15.3.2　判断题

8. (　　　) 循环的嵌套只能用于 if 语句块中，不能用于 else if 和 else 语句块中。

9. (　　　) 使用 switch 选择结构编写的代码，都能改写为 if 选择结构。

10. (　　　) switch 语句中，如果 case 代码块的末尾没有添加 break，会继续执行下一个 case。

11. (　　　) if 语句 if(a > 3 && a < 5){...}也可以写为如下嵌套的形式。

```
1  if(a > 3) {
2      if(a < 5) {...}
3  }
```

15.3.3　填空题

12. 阅读下面的代码并回答问题。

```
1  switch(state) {
2      case 0:
3          printf("行走 ");
4          break;
5      case 1:
6          printf("跳跃 ");
7          break;
8      case 2:
9          printf("射击 ");
10          break;
11      case 3:
12          printf("搬东西");
13          break;
14      default:
15          printf("什么也没做 ");
16  }
```

（1）这是一段输出人物状态的代码。如果 state 值为 1，那么输出_____；如果 state 值为负数，那么输出_____。

（2）使用 if 语句也能实现上述代码，横线处应填_____。

```
1  if(state == 0) {
2      printf("行走 ");
3  }
4  else if(_____) {
5      printf("跳跃 ");
6  }
7  else if(state == 2) {
8      printf("射击 ");
9  }
10 else if(state == 3) {
11     printf("搬东西");
12 }
13 else {
14     printf("什么也没做 ");
15 }
```

第16章 补充 C++中的数学工具

16.1 绝对值函数

在数学中，数 a 的绝对值指去掉 a 的符号所得的非负值，记作 $|a|$。

$$|a| = \begin{cases} a & (a > 0) \\ 0 & (a = 0) \\ -a & (a < 0) \end{cases}$$

（1）若 a 是正数，则 $|a| = a$，例如 $a = 23$，则 $|a| = 23$；

（2）若 a 是负数，则 $|a| = -a$，例如 $a = -23$，则 $|a| = 23$；

（3）若 $a = 0$，则 $|a| = 0$。

C++中的绝对值函数是 std::abs(x)，该函数用于计算任意类型的绝对值。std::abs(x)计算后的类型与传入数值的类型相同。使用该函数前必须包含<cmath>头文件。如果头文件后附加 using namespace std;语句，可以省略 std::前缀。参考代码如下。

```
1  #include <cstdio>
2  #include <cmath>
3  // using namespace std; 附加该语句可省略第 7 行与第 8 行的 std::前缀
4  int main() {
5      int x = -3;
6      double z = 1.9;
7      printf("%d\n", std::abs(x)); // 输出 3
8      printf("%lf", std::abs(z)); // 输出 1.9
9      return 0;
10 }
```

【编程例题】数轴上的两点距离。

【题目描述】a，b 是两个数轴上的点，小理想知道 a，b 间的距离是多少，你来帮他计算一下吧。

【输入格式】输入共一行，包含两个整数 a 和 b。整数的绝对值均不超过 1000。

【输出格式】输出共一行，即 a 和 b 间的距离。

【解析】如图 16.1 所示，如何计算数轴上 a，b 两点间的距离？两数相减求差，差的绝对值为两点间的距离。

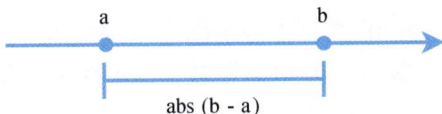

图 16.1

【代码实现】

```
1  #include <cstdio>
2  #include <cmath>
3  int main() {
4      int a, b;
5      scanf("%d %d", &a, &b);
6      printf("%d", std::abs(a - b));
7      return 0;
8  }
```

样例输入	样例输出
-11 28	39

16.2 算术平方根函数

在数学中，如果非负数 a 与 b 满足 $a=b^2$，则称 b 为 a 的算术平方根，记为 $b=\sqrt{a}$。如果 b 为整数，则称 a 为完全平方数。例如，因为 $36=6^2$，所以 6 为 36 的算术平方根，36 是完全平方数。

在 C++中，算术平方根函数是 sqrt(x)，用于计算 x 的算术平方根并返回 double 类型的值。使用该函数前，必须包含<cmath>头文件。

程序示例：计算 2 的算术平方根，输出保留两位小数。

```
1  #include <cstdio>
2  #include <cmath>
3  int main() {
4      printf("%.2lf", sqrt(2));
5      return 0;
6  }
```

想一想

存在一个正整数 x，请判断该数是否为完全平方数。

判断一个数是否为完全平方数，即判断该数的算术平方根是否为整数。以下是参考代码。

```
1  int s = sqrt(x);
2  if(s*s == x)
3      printf("YES");
4  else
5      printf("NO");
```

将 sqrt(x)的结果强制转换为 int 类型（即消除小数部分），并将其存储到变量 s 中。如果 s 的平方仍等于 x，则说明 x 的算术平方根为整数，即 x 为完全平方数。

【编程例题】判断完全平方数。

【题目描述】输入一个正整数，如果是完全平方数（即可以表示为某个整数的平方），则输出其正平方根（整数）；如果不是完全平方数，则输出其正平方根（保留两位小数）。

【输入格式】输入共一行，包含一个正整数（保证数据在 int 类型范围内）。

【输出格式】输出共一行，包含一个数，表示输入的正整数的正平方根（整数或者保留两位小数的实数）。

【解析】使用 sqrt() 函数判断完全平方数。如果输入的数是完全平方数，则输出平方根的整数部分；否则，输出平方根的浮点数（保留两位小数）。

【代码实现】

```
1  #include <cstdio>
2  #include <cmath>
3  int main() {
4      int x;
5      scanf("%d", &x);
6      if ((int)sqrt(x) * (int)sqrt(x) == x) {
7          printf("%d", (int)sqrt(x));
8      } else {
9          printf("%.2lf", sqrt(x));
10     }
11     return 0;
12 }
```

样例输入	样例输出
3	1.73

16.3 随机数函数

想一想

如何生成一个指定范围内的随机整数。

在 C++ 语言中，生成伪随机数通常使用 rand() 与 srand() 函数。这两个函数需要配合使用以生成看似随机的数字序列。rand() 函数用于生成一个伪随机数，srand() 函数用于设置随机数生成器的种子，不同的种子会产生不同的随机数序列。rand() 函数生成的伪随机数是基于随机数生成器的种子，同一个种子会生成相同的随机数序列。每次调用 rand() 函数后，种子会自动改变，因此只需在程序开始时设置一次种子即可。

使用这两个函数前，必须包含<cstdlib>头文件。一般使用程序运行时的时间作为随机数生成器的种子，可以使用<ctime>头文件中的 time(0) 函数获得当前时间。参考程序如下。

```
1  #include <cstdio>
2  #include <cstdlib>
3  #include <ctime>
4  int main() {
```

```
5        // 使用当前时间作为种子
6        srand(time(0));
7        int random_number = rand();
8        printf("随机数: %d\n", random_number);
9        return 0;
10       }
```

想一想

如何生成在[x, y]范围内的随机数。

对生成的随机数使用模运算，如 rand()%(y-x+1)，可以将生成的值限制在 0 至(y-x)内。再将值加上 x，随机数的范围变为[x, y]。参考代码如下。

```
1   int random_number = rand() % (y - x + 1) + x;
2   printf("%d", random_number);
```

16.4 练　习

16.4.1 选择题

1. 下列哪个函数不在<cmath>头文件中？（　　　）

　　A. abs()　　　　　　B. floor()　　　　　C. sqrt()　　　　　D. printf()

2. abs()函数能得到哪种数学运算的结果？（　　　）

　　A. 绝对值　　　　　B. 平方根　　　　　C. 最大值　　　　　D. 向上取整

3. 下面哪个式子得到的结果最大？（　　　）

　　A. abs(-3)　　　　B. ceil(-2.5)　　　　C. (int)2.5　　　　D. floor(-2.5)

4. 【2024 年 3 月 2 级】下列 4 个表达式中，答案不是整数 8 的是（　　　）。

　　A. abs(-8)　　　　　　　　　　　　　B. min(max(8, 9), 10)

　　C. int(8.88)　　　　　　　　　　　　D. sqrt(64)

16.4.2 判断题

5. （　　　）sqrt(x)用于计算 x 的算术平方根。

6. （　　　）如果 abs(x)的结果和 x 相等，那么 x 是正数。

7. （　　　）x 是完全平方数，sqrt(x)能得到一个 double 类型的正整数。

8. （　　　）【2024 年 3 月 2 级】如果变量 a 的值使得 C++表达式 sqrt(a)==abs(a)成立，则 a 的值为 0。

16.4.3　填空题

9. 如果 abs(x) = 7，那么 x 可能的值是＿＿＿＿＿或＿＿＿＿＿。

10. 正方形的面积为 15，用函数式＿＿＿＿＿可以得到它的边长。

11. 阅读以下代码回答问题。

```
1  double x;
2  if(/* 1 */) {
3      x = -x;
4  }
```

上述代码能实现与 abs()函数相同的功能，/* 1 */处应填＿＿＿＿＿。

12. 阅读以下代码并回答问题。

```
1   #include<cstdio>
2   #include<cmath>
3   int main() {
4       int x;
5       scanf("%d", &x);
6       int s = sqrt(x);
7       if(_____) {
8           printf("yes");
9       }
10  }
```

（1）上述代码判断输入的 x 是否为完全平方数，横线处应该填＿＿＿＿＿。

（2）sqrt(x)计算后的值类型是＿＿＿＿＿，存到 s 中转换为＿＿＿＿＿类型。

第三部分

循环结构

本部分主要解决"如何让代码重复执行"的问题。

利用计算机能够无休止地执行命令的能力，可以极大地提高生产力，使人们能够将更多精力投入创新、研究及其他高价值活动中。

本部分重点讲解循环的语法结构、编写循环代码的技巧与应用，以及多重循环的使用。

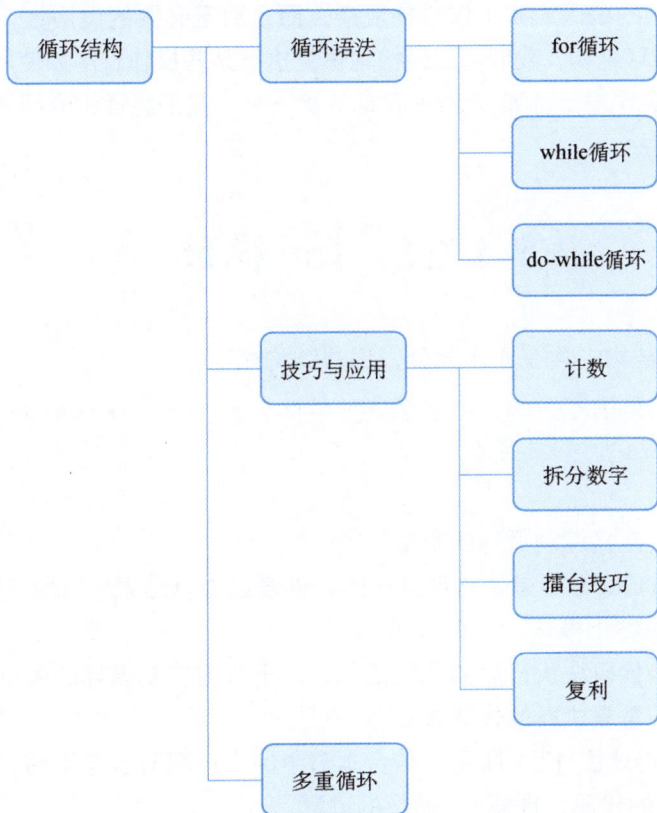

```
循环结构 ─┬─ 循环语法 ─┬─ for循环
          │            ├─ while循环
          │            └─ do-while循环
          │
          ├─ 技巧与应用 ─┬─ 计数
          │             ├─ 拆分数字
          │             ├─ 擂台技巧
          │             └─ 复利
          │
          └─ 多重循环
```

第17章 一行更比十行强——for 循环

到目前为止，我们学习了顺序结构，即程序按照从上到下、从左到右的顺序逐条执行代码语句；也学习了选择结构，即程序依据不同条件执行不同的代码语句。在程序设计中，当需要重复执行某段代码时，之前学习的两种语法结构无法有效解决这个问题。为此，C++提供了专门的循环机制，包括三种语法：for 循环、while 循环、do-while 循环。

想一想

如何利用 C++编程实现输出 1～100 的每个正整数？

我们可以使用学过的知识来解决这个问题，例如，在输出语句中罗列 1～100 的每个正整数。参考代码语句如下。

```
printf("1 2 3 省略 96 个数 100");
```

显然，这种僵化的编码形式不仅维护复杂，而且缺乏必要的灵活性，无法适应数据变动的情况。通过使用循环结构，我们可以轻松地重复执行某些操作，例如使用循环重复输出一个数字 100 次，即可实现输出 100 个数的目标。接下来，我们将详细介绍第一种循环结构——for 循环及其相关语法。

17.1 for 循环

for 循环的代码结构中共有 4 个部分，语法结构如下。

```
1  for(/* 1:初始化表达式 */; /* 2:条件表达式 */; /* 3:迭代部分 */){
2      /* 4:重复执行的复合语句 */
3  }
```

☑ /* 1 */部分：定义控制循环的变量。

☑ /* 2 */部分：判断循环是否继续进行的条件表达式。结果为 true 时，继续循环；结果为 false 时，终止循环。

☑ /* 3 */部分：代码块执行后的迭代语句，用于改变控制循环的变量。

☑ /* 4 */部分：重复执行的代码块。

for 循环执行过程如图 17.1 所示。结合本节中的流程图与步骤说明，同学们一定要多模拟几次执行 for 循环的代码，理解 for 循环的过程。

步骤 1：执行至 for 循环，进入 for 循环的第一部分，初始化表达式。

步骤 2：执行第二部分，计算第二部分表达式，判断是否满足条件能继续循环。当表达式结果为 true 时，继续执行步骤 3；当表达式结果为 false 时，停止循环，程序继续执行 for 循环后的语句。

步骤 3：执行第四部分的复合语句。

步骤 4：执行第三部分。

步骤 5：重复步骤 2，回到 for 循环的第二部分继续判断。

for 循环使用示例：循环输出 1~n 的正整数。

```
1  for(int i = 1; i <= n; i++) {
2      printf("%d", i);
3  }
```

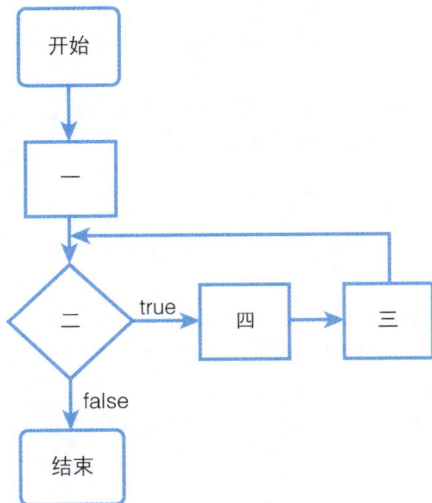

图 17.1

程序的执行流程：使用变量 i 控制循环的执行次数。i 被初始化为 1。在每次循环中，首先输出当前 i 的值，然后将其增加 1。当 i 的值超过 n 时，循环终止。示例代码中，各部分代码的含义如下。

- ☑ int i = 1：定义控制循环的变量 i，初始值为 1。
- ☑ i <= n：判断循环是否继续进行的条件表达式。当 i <= n 结果为 true 时，说明循环执行次数还在指定范围 n 内，可以继续循环；当结果为 false 时，说明循环次数超过 n，终止循环。
- ☑ i++：迭代语句，用于改变控制循环的变量，即每轮循环执行后，将变量 i 增加 1。
- ☑ printf("%d ", i);：重复执行的语句，输出当前变量 i 的值。

小帖士

不要在 for() 语句后面添加分号，即不要在圆括号与花括号之间加分号。分号会导致圆括号与花括号之间产生分隔，从而使花括号内的代码不再重复执行。

17.2　模拟过程

接下来模拟 for 循环的执行过程，帮助同学们理解循环的运作机制（见表 17.1），其中被 /*...*/ 标记的部分，表示当前正在执行的代码位置。

表 17.1

代　　码	过　　程

`for(/*int i=1*/; i<=3; i++) {`
`    printf("%d", i);`
`}`
	程序从上而下执行至循环结构。进入循环的初始化部分，定义循环控制变量 i，此时 i 的值为 1

续表

代 码	过 程

`for(int i=1; /*i<=3*/; i++) {`
`    printf("%d", i);`
`}`
	进入循环第二部分，判断循环是否能继续执行。当前变量 i 值为 1，表达式 i<=3 成立，计算结果为 true，故执行循环代码块

`for(int i=1; i<=3; i++) {`
`    /*printf("%d", i);*/`
`}`
	进入循环第四部分，执行需要重复的代码块。当前变量 i 值为 1，输出 1。累计输出 1

`for(int i=1; i<=3; /*i++*/) {`
`    printf("%d", i);`
`}`
	代码块执行完成后，回到循环第三部分，对控制循环的变量进行修改。执行后变量 i 的值为 2

`for(int i=1; /*i<=3*/; i++) {`
`    printf("%d", i);`
`}`
	进入循环的下一轮，在第二部分进行新一轮循环的判断。变量 i 的值为 2，表达式 i<=3 的结果为 true，因此继续执行循环体

`for(int i=1; i<=3; i++) {`
`    /*printf("%d", i);*/`
`}`
	进入循环第四部分，执行需要重复的代码块。当前变量 i 值为 2，输出 2。累计输出 12

`for(int i=1; i<=3; /*i++*/){`
`    printf("%d", i);`
`}`
	代码块执行完成后，回到循环第三部分，对控制循环的变量进行修改。执行后变量 i 的值为 3

`for(int i=1; /*i<=3*/; i++){`
`    printf("%d", i);`
`}`
	进入循环的下一轮，在第二部分进行新一轮循环的判断。变量 i 的值为 3，表达式 i<=3 的结果为 true，因此继续执行循环体

`for(int i=1; i<=3; i++){`
`    /*printf("%d", i);*/`
`}`
	进入循环第四部分，执行需要重复的代码块。当前变量 i 值为 3，输出 3。累计输出 123

`for(int i=1; i<=3; /*i++*/){`
`    printf("%d", i);`
`}`
	代码块执行完成后，回到循环第三部分，对控制循环的变量进行修改。执行后变量 i 的值为 4

`for(int i=1; /*i<=3*/; i++){`
`    printf("%d", i);`
`}`
	进入循环的下一轮，在第二部分进行新一轮循环的判断。变量 i 的值为 4，表达式 i<=3 的结果为 false，因此停止执行循环体，跳出循环结构

观察可知，当 i 初始值为 1，条件为 i<=3，每轮循环增加 1 时，循环结构中的代码块可执行 3 次。

想一想

以下循环结构中的代码块会执行多少次？

```
1  for(int i = 1; i <= n; i++)
2  for(int i = 1; i < n; i++)
3  for(int i = 0; i <= n; i++)
4  for(int i = 0; i < n; i++)
```

【编程例题】报数。

【题目描述】小理班上有 50 名学生，现在排成一列依次报数，请输出他们报数的结果。

【输入格式】此题目无须输入。

【输出格式】输出共一行，即 50 名同学报数的结果，每两个数之间用一个空格隔开。

【解析】使用 for 循环枚举 1 至 50，当枚举到第 i 个数时，输出 i。

【代码实现】

```
1  #include <cstdio>
2  int main() {
3      for (int i = 1; i <= 50; i++)
4          printf("%d ", i);
5      return 0;
6  }
```

样例输出
1 2 3 4 5…48 49 50

如何使用循环结构读取 n 个数？将一次读入多个数的过程分解为多次读取单个数，即通过循环重复读取单个数 n 次。

```
1  int n, temp;
2  scanf("%d", &n); // 先输入 n，表示后续读入 n 个数
3  for (int i = 1; i <= n; i++) {
4      scanf("%d", &temp);
5      // 第 i 次读入数，此时 temp 为读入的第 i 个数
6  }
```

【编程例题】小理找橘子。

【题目描述】小理最喜欢吃橘子。现在小理有一箱水果，里面装有 n 包水果，每包只有一种水果，小理想从其中找出所有橘子。用正整数序列 a 代表水果，其中第 i 个数 a_i 表示第 i 包里的水果种类。橘子对应的正整数为 m。请你帮小理找出所有橘子的位置。

【输入格式】输入共两行，第一行包含两个正整数 n 和 m；第二行用正整数 n 表示水果序列 a 的个数。

【输出格式】输出共一行，包含若干个整数，为所有橘子在序列中的位置，数字间用空格隔开。如果没有橘子，什么都不需要输出。

【数据范围】$1 \leqslant n \leqslant 100, 1 \leqslant a_i \leqslant 100$。

【解析】首先读入水果个数和代表橘子的数值，接下来使用 for 循环结构重复 n 次，每次读入 1 个数，判断读入的数是否是 m，如果是 m 则输出对应的输入次数（m 在序列中的位置）。循环结构执行 n 次，每次读入 1 个数。第 i 次读入的数是序列中的第 i 个数。

【代码实现】

```
1  #include <cstdio>
2  int main() {
3      int n, m, x;
4      scanf("%d %d", &n, &m);//读入水果个数与橘子所代表的值
5      for (int i = 1; i <= n; ++i) {
```

样例输入	样例输出
5 3	3 5
1 2 3 2 3	

```
6          scanf("%d", &x); // 读入第 i 数至变量 x 中
7          if (x == m) // 判断第 x 个数是否为橘子
8              printf("%d ", i); // 输出橘子所在的位置
9      }
10     return 0;
11 }
```

17.3 求   和

想一想

给出一个整数 n 和 n 个整数，求给定的这 n 个整数的和。

如何使用循环结构，依次读入给定的 n 个整数，并求出这 n 个数的和？使用一个"和"变量，将每次读入的值加至"和"变量中。当"和"变量中加完 n 次后，就完成了 n 个数的求和。示例代码如下。

```
1  int sum = 0, temp; //定义并初始化"和"变量，初始值为 0
2  for(int i=1; i<=n; i++) {
3      scanf("%d", &temp); // 读入第 i 个数
4      sum += temp; // 将第 i 个数加入"和"变量
5  }
```

样例输入	样例输出
5	20
2 3 4 5 6	

【编程例题】奇数求和。

【题目描述】小理想求出在[m,n]之间的所有奇数的和（包括 n 和 m）。

【输入格式】输入共一行，共两个整数 m 和 n。

【输出格式】输出共一行，共一个整数，为[m,n]范围内的奇数的和。

【数据范围】$1 \leq m \leq n \leq 10000$。

【解析】依次枚举 m～n 的每个正整数，并判断枚举的数是否为奇数。当枚举的数 i 是奇数时，将 i 加入"和"变量中。

【代码实现】

```
1  #include <cstdio>
2  int main() {
3      int m, n, sum = 0;
4      scanf("%d %d", &m, &n);
5      for (int i = m; i <= n; i++)
6          if (i % 2 == 1)
7              sum += i;
8      printf("%d", sum);
9      return 0;
10 }
```

样例输入	样例输出
1 3	4

样例输入	样例输出
3 12	35

重点

变量 sum 需要有初始值，一般都设置为 0。

知识补充

逗号运算符可以将不同表达式写在一个语句中，并按照从左向右的顺序执行。例如，在 for 循环的第三部分中，如果想同时增加变量 i 与 j，可以写为 for(;;i++, j++)，程序会先执行 i++，再执行 j++。

当逗号表达式联立多个表达式时，最终表达式的值为最右侧表达式的值。例如：x = (y=y*4, y+1);，先执行 y=y*4，再计算 y+1，整个括号内的逗号运算符取最后的 y+1，最后 x 的值相当于原先 y 的 4 倍加 1。

实际考试答题时，并不推荐同学在初学阶段使用逗号运算符。在这里作为知识补充，是因为 GESP 曾出现该知识点。

17.4 练 习

17.4.1 选择题

1. 以下（　　　）结构不能实现循环。
   A. for 结构　　　　　B. while 结构　　　　　C. do-while 结构　　　　D. if-else 结构

2. 下列哪个 for 循环语句的语法是正确的？（　　　）
   A. for(int i = 1; i++; i <= 10){...}
   B. for(int i = 1; i <= 10; i++);{...}
   C. for(int i = 2; i <= 10; i = i + 2){...}
   D. for(int i = 1, i <= 10, i++){...}

3. 对于循环语句 for(int i=1; i<=10; i++){...}，错误的选项是（　　　）。
   A. 每轮循环开始时，先判断 i<=10，如果为真，执行代码块
   B. 每轮循环结束时，执行一遍 i++，使 i 的值增加 1
   C. 在{}代码块中，不能使用变量 i
   D. 如果变量 i 在结构外定义过了，for 语句第一部分可以省略定义

4. 下面代码能输出（　　　）个用空格分隔的整数。

```
1  for(int i = 1; i <= 10; i++) {
2      printf("%d ", i);
3  }
```

   A. 1　　　　　　　　B. 9　　　　　　　　C. 10　　　　　　　　D. 11

5. 循环语句 for(int i=4; i<=3; i++){}会执行（　　　）次。

A. 0　　　　　　　B. 1　　　　　　　C. 2　　　　　　　D. 3

6. 下面哪个循环会执行代码块超过 10 次？（　　　）

A. for(int i = 1; i <= 10; i++){...}

B. for(int i = 0; i < 10; i++){...}

C. for(int i = 0; i < 20; i = i + 2){...}

D. for(int i = 0; i <= 10; i++){...}

7. 下面代码需要输入（　　　）个整数。

```
1  int n;
2  scanf("%d", &n);
3  for(int i = 1; i <= n; i++) {
4      int k;
5      scanf("%d", &k)
6  }
```

A. 1　　　　　　　B. n　　　　　　　C. n+1　　　　　　　D. n+2

8. 下列循环中，哪个能实现从小到大输出所有小写字母？（　　　）

A. for(int i = 0; i < 26; i++) printf("%c ", 'a' + i);

B. for(int i = 1; i <= 26; i++) printf("%c ", 'a' + i);

C. for(int i = 0; i <= 26; i++) printf("%c ", 'a' + i);

D. for(int i = 1; i < 26; i++) printf("%c ", 'a' + i);

9. 横线处填哪个选项，可以使这段代码输出 100 以内结尾是 5 的数？（　　　）

```
1  for(int i = 1; i <= 100; i++) {
2      if(_____)
3          printf("%d ", i);
4  }
```

A. i / 10 == 5　　　B. i % 10 == 5　　　C. n % 10 == 5　　　D. i % 10 = 5

10.【2023 年 9 月 1 级】下面 C++代码用于求正整数的所有因数，即输出所有能整除一个正整数的数。如输入 10，则输出为 1、2、5、10；输入 12，则输出为 1、2、3、4、6、12；输入 17，则输出为 1、17。在横线处应填入的代码是（　　　）。

```
1  int n = 0;
2  cout << "请输入一个正整数： ";
3  cin >> n;
4  for (_____) // 此处填写代码
5      if (n % i == 0)
6          cout << i << endl;
```

A. int i = 1; i < n; i + 1　　　　　　　B. int i = 1; i < n + 1; i + 1

C. int i = 1; i < n; i++　　　　　　　D. int i = 1; i < n + 1; i++

11.【2023 年 9 月 1 级】执行以下 C++语言程序后，输出结果是（　　　）。

```
1  int n = 5, s = 1;
2  for ( ; n = 0; n--)
3      s *= n;
4  cout << s << endl;
```

    A. 1　　　　　　　　B. 0　　　　　　　　C. 120　　　　　　D. 无法确定

12.【2023 年 12 月 1 级】下面 C++代码执行后的输出是（　　　）。

```
1  int cnt = 0;
2  for(int i = 1; i < 10; i++){
3      cnt += 1;
4      i += 2;
5  }
6  cout << cnt;
```

    A. 10　　　　　　　　B. 9　　　　　　　　C. 3　　　　　　　　D. 1

13.【2024 年 3 月 1 级】下面 C++代码中的第 2 行，总共被执行次数是（　　　）。

```
1  for(int i = -10; i < 10; i++)
2      cout << i << " ";
```

    A. 10　　　　　　　　B. 19　　　　　　　　C. 20　　　　　　　D. 21

14.【2024 年 3 月 1 级】下面 C++代码执行后的输出是（　　　）。

```
1  int tnt = 0;
2  for(int i = 0; i < 10; i++)
3      if(i % 3 && i % 7)
4          tnt += i;
5  cout << tnt << endl;
```

    A. 0　　　　　　　　B. 7　　　　　　　　C. 18　　　　　　　D. 20

15.【2024 年 6 月 1 级】如果一个整数 N 能够表示为 x*x 的形式，那么它就是一个完全平方数，下面的 C++代码用于完成判断 N 是否为一个完全平方数，在横线处应填入的代码是（　　　）。

```
1  int N;
2  cin >> N;
3  for(int i = 0; i <= N; i++)
4      if(_____)
5          cout << N << "是一个完全平方数\n";
```

    A. i == N * N　　　B. i * 10 == N　　　C. i + i == N　　　D. i * i == N

16.【2024 年 3 月 2 级】下面的 C++代码执行后的输出是（　　　）。

```
1  int n, a, m, i;
2  n = 3, a = 5;
3  m = (a - 1) * 2;
```

```
4  for (i = 0; i < n - 1; i++)
5      m = (m - 1) * 2;
6  cout << m;
```

      A. 8   B. 14   C. 26   D. 50

17.【2023 年 12 月 2 级】在 C++语言中，与 for(int i = 10; i < 20; i += 2) cout << i;输出结果相同的是（   ）。

      A. for(int i = 10; i < 19; i += 2) cout << i;

      B. for(int i = 11; i < 19; i += 2) cout << i;

      C. for(int i = 10; i < 21; i += 2) cout << i;

      D. 以上均不对

17.4.2 判断题

18.（   ）【2024 年 9 月 1 级】下面的 C++代码执行后，最后一次输出是 10。

```
1  for (int i = 1; i < 10; i+=3)
2      cout << i << endl;
```

19.（   ）【2023 年 12 月 2 级】执行以下 C++代码后将输出 0。

```
1  int Sum = 0;
2  for (i = -500; i < 500; i++)
3      Sum += i;
4  cout << Sum;
```

20.（   ）【2023 年 9 月 2 级】如果 m 和 n 为 int 类型变量，则执行以下代码后 n 的值为偶数。

```
1  for(m = 0, n = 1; n < 9; )
2      n = ((m = 3 * n, m + 1), m - 1);
```

21.（   ）【2023 年 9 月 2 级】执行以下 C++代码后的输出为 30。

```
1  int rst = 0;
2  for (int i = 0; i < 10; i+=2) {
3      rst += i;
4  }
5  cout << rst ;
```

第18章 一行更比十行强——while 循环

在 C++语言中，当需要执行仅需满足特定条件即可继续的简单循环任务时，for 循环可能不是最简洁的选择。为此，C++语言引入了 while 循环来简化这种情形。与 for 循环不同，while 循环专注于检查循环条件是否成立，无须预先确定循环次数，其语法结构与 if 语句相似，通过使用一个布尔表达式控制循环。如果条件为真，则执行循环语句，执行完成后重新判断条件，反复上述过程直到条件不再满足，循环结束。

18.1　while 循环

while 循环语句有两部分，语法结构如下。

```
1  while(/* 1: 表达式 */) {
2    /* 2: 重复执行的复合语句 */
3  }
```

while 循环执行的流程如图 18.1 所示，具体执行步骤如下。

步骤 1：执行至 while 循环，进入 while 循环第一部分。计算第一部分表达式，判断是否满足条件能继续循环。当表达式结果为 true 时，继续执行步骤 2；当表达式结果为 false 时，停止循环，程序继续执行 while 循环后的语句。

步骤 2：执行第二部分的复合语句。

步骤 3：重复步骤 1，回到第一部分判断。

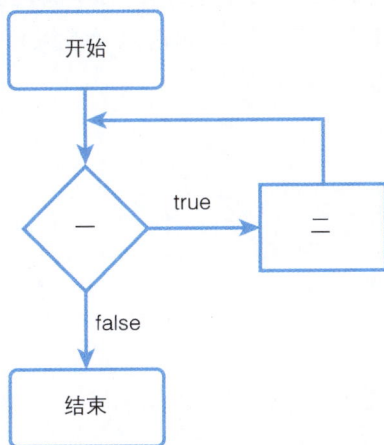

图 18.1

while 循环使用示例：计算整数 x 的位数，该示例的参考代码如下。

```
1  while(x != 0) {
2      x /= 10;
3      cnt ++;
4  }
```

程序执行流程：x 整除 10，数值会减少 1 位（例如：123/10=12），整数 x 的位数可以由不断将其除以 10，直至结果为 0 的次数得出。使用 while 循环在 x 不为 0 时，重复将 x 整除 10。每整除一次，计数变量增加 1，以记录整除次数（计数技巧见第 19 章）。while 循环的代码解释如下。

☑ x != 0：判断循环是否继续执行的表达式。结果为 true 时，继续循环；结果为 false 时，终止循环。

☑ {x/=10; cnt++;}：重复执行的复合语句。每轮循环先将 x 整除 10，再记录次数。

while 循环只专注于是否继续循环，并不擅长枚举一定范围的数值，也不擅长使用变量范围来控制循环。

【编程例题】小理游泳。

【题目描述】小理在游泳，但他很快发现自己体力逐渐不支。已知小理第一步能游 2 米，但随着体力消耗，之后的每一步都只能游出上一步距离的 98%（即上一步距离乘以 0.98）。现在，小理想知道：如果要游到距离 x 米的地方，他需要游多少步才能到达？

【输入格式】输入共一行，包含一个数（可以是小数，但不超过 100 米），表示要游的目标距离。

【输出格式】输出共一行，包含一个整数，表示小理需要游的总步数。

【解析】循环模拟游泳的过程。使用变量 sum 作为已经游过的距离，使用变量 step 表示当前一步能游出的距离。当需要游的距离 x 比已经游过的距离 sum 大时，说明还需要再游一步。游一步后，步数会增加 cnt++，游过的距离会增加 sum+=step，下一步游泳距离会减少 step*=0.98。当满足 x>sum 时，循环执行游泳操作；当不满足 x>sum 时，说明游过的距离已经超过要求的距离，游泳的步数已经足够，输出游过的步数。

【代码实现】

```
1  #include <cstdio>
2  int main() {
3      double x, sum = 0, step = 2.0;
4      int cnt = 0;
5      scanf("%lf", &x);
6      while (x > sum) { //当游过距离还不够时，再游一步
7          cnt++; //步数增加
8          sum += step; //游过的距离增加
9          step *= 0.98; //下一步的距离减少
10     }
11     printf("%d", cnt);
```

样例输入	样例输出
4.3	3

```
12      return 0;
13  }
```

18.2 do-while 循环

do-while 循环与 while 循环相似，区别在于 do-while 循环会先执行一次语句块，再进行判断与循环，且 do-while 循环中的 while 语句后面有分号。do-while 循环执行的流程如图 18.2 所示，语法结构如下。

```
1  do {
2    /* 1: 重复执行的复合语句 */
3  } while(/* 2: 表达式 */);
```

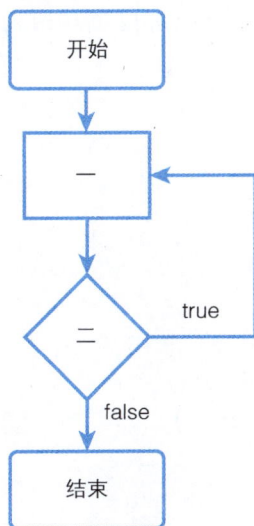

图 18.2

如果将执行循环语句块比作喝水，那么 while 循环就像在喝水之前检查杯子是否有水。如果没有水，就不喝；有水才喝，喝完后继续检查是否需要再喝。do-while 循环则像试喝免费饮料。先试喝一小口，然后根据口味决定是否继续喝。即使第一口后觉得不好喝，也至少已经喝过一次。

想一想

输入若干数字。当输入 0 时，停止输入，计算输入 0 之前已经输入数字的总和。

利用 do-while 循环先执行一次复合语句的特性，先输入一次数字并进行求和，当输入数字为 0 时，后续不再输入数字。参考代码如下。

```
1  int sum = 0, temp;
```

```
2   do {
3       scanf("%d", &temp);
4       sum += temp; // 对若干数求和
5   } while(temp != 0); // 当 temp 不为 0, 继续循环
```

【编程例题】小理机器人。

【题目描述】小理的机器人拥有n单位的电量。它每天都会消耗自己当天剩余电量的20%来执行任务。如果某天消耗后剩余的电量小于100单位，它将在第二天电量耗尽后停止运行。请问这台机器人可以连续工作多少天？

【输入格式】输入共一行，包含一个浮点数n（$1 \leq n \leq 10^5$），表示小理机器人的总电量。

【输出格式】输出共一行，包含一个数，代表机器人可以连续工作的天数。

【解析】机器人消耗电量小于100后第二天停止工作，等价于机器人第一天一定会工作，工作消耗后判断电量是否小于100，电量大于或等于100时继续工作。变量 battery 存储机器人电量，变量 cnt 记录运行天数，使用 do-while 循环结构模拟执行过程。

【代码实现】

```
1   #include <cstdio>
2   int main() {
3       double battery;
4       int cnt = 0;
5       scanf("%lf", &battery); // 读入电量
6       do {
7           battery *= 0.8; // 消耗电量
8           cnt++; // 增加运行天数
9       } while (battery >= 100); // 判断剩余电量
10      printf("%d", cnt);
11      return 0;
12  }
```

样例输入	样例输出
50.0	1

样例输入	样例输出
125.0	1

18.3 练 习

18.3.1 选择题

1. 下面代码会循环（   ）次。

```
1   int x = 3;
2   while(x != 0) {
3       x--;
4   }
```

A. 1   B. 2   C. 3   D. 4

2. 下面代码会循环（　　　）次。

```
1  while(1) {
2      printf("continue");
3  }
```

    A. 1　　　　　　　　　　　　　　　　B. 0
    C. 999　　　　　　　　　　　　　　　D. 循环会一直进行，造成程序卡死

3. 与下面 while 循环等价的 for 循环是选项（　　　）。

```
1  int x = 3;
2  while(x != 0)
3      x--;
```

    A. for(int x = 3; x != 0; x--)　　　　　B. for(int x = 3; x > 0; x--)
    C. for(int x = 3; x >= 0; x++)　　　　D. for(int x; x >= 0; x--)

4. /* 1 */处填选项（　　　），使输出结果为：5 10 15 20 25 30 ……。

```
1  int i = 1;
2  while(i <= 1000) {
3      if(/* 1 */)
4          cout << i <<" ";
5      i++;
6  }
```

    A. i / 5 == 0　　　B. i % 5 == 0　　　C. i / 10 == 0　　　D. i % 10 == 0

5. 如果 x 的值是 123，那么每次循环中 temp 的值为（　　　）。

```
1  while(x != 0) {
2      int temp = x % 10;
3      x /= 10;
4  }
```

    A. 1, 2, 3　　　　B. 3, 2, 1　　　　C. 1, 2　　　　D. 3, 2

6. 【2023 年 9 月 1 级】下面的 C++代码执行后的输出是（　　　）。

```
1  int n = 5;
2  int cnt = 1;
3  while (n >= 0) {
4      cnt += 1;
5      n -= 2;
6  }
7  cout << cnt;
```

    A. 3　　　　　　B. 4　　　　　　C. 6　　　　　　D. 7

7. 【2024 年 3 月 1 级】下面的 C++代码执行后的输出是（　　　）。

```
1   int N = 10;
2   while (N) {
3       N -= 1;
4       if (N % 3 == 0)
5           cout << N << "#";
6   }
```

A. 9#6#3#   B. 9#6#3#0#

C. 8#7#5#4#2#1#   D. 10#8#7#5#4#2#1#

8.【2024 年 6 月 1 级】下面的 C++代码用于求 1～N 的所有奇数之和，其中 N 为正整数，如果 N 为奇数，则求和时包括 N。有关描述错误的是（   ）。

```
1   int N;
2   cout << "请输入正整数：";
3   cin >> N;
4   int i = 1, Sum = 0;
5   while (i <= N){
6       if (i % 2 == 1)
7           Sum += i;
8       i += 1;
9   }
10  cout << i << " " << Sum;
```

    A. 执行代码时如果输入 10，则最后一行输出将是 11 25

    B. 执行代码时如果输入 5，则最后一行输出将是 6 9

    C. 将 i += 1 移到 if (i % 2 == 1)前一行，同样能实现题目要求

    D. 删除 if(i % 2 == 1)，并将 i += 1 改为 i += 2，同样可以实现题目要求

9.【2024 年 9 月 1 级】执行下面的 C++代码，求连续输入的若干正五位数的百位数之和。例如，输入 32488 25731 41232 0，则输出 3 个正五位数的百位数之和为 13。有关描述错误的是（   ）。

```
1   int M, Sum = 0, rc = 0;
2   cout << "请输入正整数：";
3   cin >> M;
4   while (M){
5       M = (M / 100 % 10); // L5
6       Sum += M;
7       rc++;
8       cin >> M;
9   }
10  cout << rc << "个正五位数的百位数之和为 " << Sum;
```

    A. 执行代码时如果输入 23221 23453 12345 11111 0，则最后一行 Sum 的值是 10

    B. 执行代码时如果输入 2322 2345 1234 1111 0，程序也能运行

C. 将代码标记为 L5 的那行代码改为 M = (M % 1000 / 100);，同样能实现题目要求

D. 将代码标记为 L5 的那行代码改为 M = (M % 100 / 10);，同样能实现题目要求

10.【2024 年 3 月 2 级】下面的 C++ 代码执行后的输出是（　　　）。

```
1  int n, i, result;
2  n = 81;
3  i = 1, result = 1;
4  while (i * i <= n){
5      if (n % (i * i) == 0)
6          result = i * i;
7      i += 1;
8  }
9  cout << result;
```

A. 16　　　　　　　B. 36　　　　　　C. 49　　　　　　D. 81

11.【2024 年 3 月 2 级】下面的 C++ 代码执行后的输出是（　　　）。

```
1  int s, t, ans;
2  s = 2, t = 10;
3  ans = 0;
4  while (s != t){
5      if (t % 2 == 0 && t / 2 >= s)
6          t /= 2;
7      else
8          t -= 1;
9      ans += 1;
10 }
11 cout << ans;
```

A. 2　　　　　　　B. 3　　　　　　C. 4　　　　　　D. 5

18.3.2　判断题

12.（　　　）for 循环和 while 循环都会先判断条件，do-while 循环会先执行一次语句块。

13.（　　　）对于整数 x，while(x){}和 while(x!=0){}的判断条件相同。

14.（　　　）【2023 年 6 月 1 级】do-while 语句的循环体至少会执行一次。

15.（　　　）【2024 年 3 月 1 级】任何一个 for 循环都可以转化为等价的 while 循环。

16.（　　　）【2023 年 12 月 2 级】在 C++ 代码中，while(1){...}的判断条件不是逻辑值，将导致语法错误。

第 19 章　循环结构技巧与应用

19.1　计数技巧

给定 n 个整数和 1 个目标整数 m，统计 n 个数中值为 m 的数量。首先，第一行输入整数 n 和 m，第二行输入 n 个整数。

先研究实际生活中的一个例子，为了统计景区当天的访问人数，在景区入口处有一名工作人员，手上拿着一个计数器，每通过一名游客，工作人员便按一次计数器，计数器中的数值加 1。景区闭园时，查看计数器即可获知当天的入园人数。

借鉴景区计数的思路，在程序中设置一个计数器变量 cnt，每当遇到符合条件的数字时，计数器变量加 1，循环结束后，计数器变量中的值即为符合条件的数字的数量。需要特别注意的是，计数器变量开始时没有统计任何数值，因此其初始值为 0。参考代码如下。

```
1  int cnt = 0;//计数器变量
2  for (int i = 1; i <= n; i++) {
3      scanf("%d", &temp);
4      if (temp == m)
5          cnt++;//计数器增加
6  }
7  printf("%d", cnt);
```

样例输入	样例输出
5 5	2
1 5 4 5 1	

for 循环是一种采用计数控制思想的循环结构，即通过设置一个计数器控制循环。在第一部分定义并初始化计数器，在第二部分检查计数器的值是否满足条件，在第三部分更新计数器，在第四部分执行需要重复的语句。

for 循环用计数器值的范围来控制整个循环过程。将循环的控制部分放在圆括号中，将具体重复部分放在后一个语句中，提高了可读性和灵活性。

19.2　拆分数字技巧

存在一个正整数，求出该数各个数位数字的和。例如，对于正整数 237，求解该数中各个数位数字和的结果为 12（2+3+7）。

使用除法运算与模运算，可以计算并拆分某个正整数的个位数字，具体说明如下。

☑ 模运算（取余个位）：整数 x 对 10 取余，计算出 x 的个位数字，如 1435%10=5。

☑ 除法运算（除去个位）：整数 x 除以 10，计算出 x 去除个位后的剩余数值，如 1435/10=143。

当整数不为 0 时，重复执行"取余个位"与"除去个位"，即可遍历一个数的各个数位，参考代码如下。

```
1  int sum = 0; // 记录每一位数字各个位数相加的和
2  while(x > 0) { // 当 x 大于 0 时进行拆分
3      sum += x % 10; // 将当前 x 的个位加入和
                       // 中,通过循环累加每一位
4      x /= 10; // 更新 x 的个位
5  }
```

样例输入	样例输出
2763	18

【编程例题】数字翻转。

【题目描述】小理有一个各数位不包含数字 0 的正整数，请你将这个数翻转过来（各个数位数字倒置，例如：1234，倒置后为 4321）。

【输入格式】输入共一行，包含一个正整数 n。

【输出格式】输出共一行，包含一个正整数，为 n 翻转过来输出的结果。

【数据范围】$1 \leqslant n \leqslant 10^{15}$。

【解析】利用除法运算求出当前数的个位，利用模运算删去当前数的个位。使用循环依次执行，输出个位、删除个位、输出个位……重复执行直到数值为 0，完成倒置输出 n。

【代码实现】

```
1  #include <cstdio>
2  int main() {
3      long long int n;
4      scanf("%lld", &n);
5      while (n != 0) {
6          printf("%lld", n % 10); // 输出个位
7          n /= 10; // 除去个位
8      }
9      return 0;
10 }
```

样例输入	样例输出
12345678	87654321

想一想

存在整数 x，在 x 的各个数位中，是否存在数字 5？存在输出 Yes，不存在输出 No。

19.3 擂台技巧

想一想

给定一个整数 n 和 n 个整数，找出 n 个整数中的最大值。

擂台赛是一种竞技的比赛方法，选手在擂台进行对决，胜利者可以继续留在擂台上，失败者则离开。直到所有选手都参与完比赛，最终留在擂台上的将是实力最强的选手。为了找到 n 个数中的最大值，同样可以采用擂台赛的方法。设置一个"擂台变量"，将这些数值逐一与"擂台变量"进行比较，较大的数值会取代"擂台变量"中存储的值。

擂台技巧的核心是记录当前最大值，在遍历各个元素时不断与当前最大值进行比较并更新，遍历完成后即求出全局的最大值。参考代码如下。

```
1  int mx = -1; // "擂台变量" mx，最大值 max 的简写
2  for(int i=1; i<=n; i++) {
3      scanf("%d", &temp);
4      if(temp > mx) // 第 i 个数与之前最大值进行比较
5          mx = temp;
6  }
```

样例输入	样例输出
5 2 5 1 0 3	5

注意

"擂台变量"的初始化与参与记录的值的数据范围有关，进行初始化时应保证"擂台变量"初始值在值的范围外，确保第一个数在经过比较后能存入"擂台变量"。

【编程例题】找最小值。

【题目描述】给出一个整数 n 和 n 个整数，求出它们之中的最小值。

【输入格式】输入共两行。第一行包含一个正整数 n，第二行包含 n 个整数。

【输出格式】输出共一行，包含一个数字，即 n 个数字中最小的数。

【数据范围】$1 \leq n \leq 10^5$，其中 n 个整数，每个数的范围小于 10^5。

【解析】设立"擂台变量"mi 用于存储最小值。确保让 n 个数中的第一个数能存到"擂台变量"中，所以 mi 的初始值为 100001（temp 最大值在值范围外）。循环枚举依次读入 n 个数，每读入一个数，temp 与"擂台变量"进行比较，当 temp 比"擂台变量"小，则更新"擂台变量"。

【代码实现】

```
1  #include <cstdio>
2  int main() {
3      int n, temp, mi = 100001; // 初始化擂台变量
```

```
4      scanf("%d", &n);
5      for (int i = 1; i <= n; i++) {
6          scanf("%d", &temp); // 读入 1 个数
7          if (temp < mi) // 当发现更小的数时，更新擂台变量
8              mi = temp;
9      }
10     printf("%d", mi);
11     return 0;
12  }
```

样例输入	样例输出
5 1 2 3 4 5	1

19.4　记录上轮信息

想一想

输入一个整数 n 和随后的 n 个整数，依次计算每一对相邻数字之间的差值，计算方法是用排在后面的数字减去排在前面的数字。

根据之前的循环读取方法，每次循环都将一个整数存储到变量 temp 中，新值会覆盖旧值。为了计算当前读取数值与前一次的差值，需在每次循环时记录当前数值，以便下一次循环使用。例如，在第三次循环时记录读入的数到变量 pre，第四次循环时通过访问 pre 变量获取第三次循环的读入值。

由于首次读取的数没有前驱值，因此需要特殊处理。仅当 i 不等于 1 时，才输出当前数与前一个数的差值。参考代码如下。

```
1  for(int i = 1; i <= n; i++) {
2      scanf("%d", &temp); // 读入第 i 个的数
3      if(i != 1)
4          printf("%d ", temp - pre);
5      pre = temp; // 作为第 i+1 轮循环的上轮数据
6  }
```

样例输入	样例输出
5 3 1 5 6 3	-2 4 1 -3

19.5　应用：计算复利

想一想

假设现在小理有 a 个橘子，且每年每个橘子可以种出 1 棵橘子树，一棵橘子树可以结 k 个橘子。小理会将橘子重新种成橘子树。请问第 n 年，小理可以拥有多少棵橘子树。

模拟每年橘子的增长过程。开始时，一共 a 棵树。

第 1 年，增长 a*k 棵树，总共有 a*(1+k)棵树。

第 2 年，增长 a*(1+k)*k 棵树，总共有 a*(1+k)*(1+k)棵树。

第 3 年，增长 a*(1+k)*(1+k)*k 棵树，总共有 a*(1+k)*(1+k)*(1+k)棵树。

可以发现，当年增长个数为上一年树数量的 k 倍，每年的总个数是上一年个数的 1+k 倍。参考代码如下。

```
1   int orange = a;
2   for(int i = 1; i <= n; i++)
3       orange = orange * (1 + k);
```

借鉴上述橘子树数量增长过程的计算方法，复利也是同样的思路。复利是一种计算利息的方法，是指每次产生的利息，会作为本金继续产生利息。

想一想

假设小理去银行存 a 元钱，银行的利率是 10%，请问 n 年后，小理在银行共有多少钱?

模拟银行计算利息的过程，开始时，本金一共有 a 元。

1 年后，上年产生利息 a*0.1 元，本金加利息总共有 a*(1+0.1)元。

2 年后，上年产生利息 a*(1+0.1)*0.1 元，本金加利息总共有 a*(1+0.1)*(1+0.1)元。

3 年后，上年产生利息 a*(1+0.1)*(1+0.1)*0.1 元，本金加利息总共有 a*(1+0.1)*(1+0.1)*(1+0.1)元。

n 年后，上年产生利息 $a*(1+0.1)^{(n-1)}*0.1$ 元，本金加利息总共有 $a*(1+0.1)^n$ 元。参考代码如下。

```
1   double money = a;
2   for(int i = 1; i <= n; i++)
3       money = money * (1 + 0.1);
```

【编程例题】人口增长问题。

【题目描述】我国现有 x 亿人口，按照每年 0.1%的增长速度，n 年后将有多少人?

【输入格式】输入共一行，包含两个数 x 和 n。

【输出格式】输出共一行，包含一个浮点数，表示 n 年后的人口数量，保留小数点后 4 位小数。

【数据范围】对于 100%的数据，$1 \leq x \leq 100$，$1 \leq n \leq 100$。

【解析】0.1%等于 0.001。循环模拟每年的增长，对于任意一年，人口变化为 x=x*(1+0.001)。

【代码实现】

```
1   #include <cstdio>
2   int main() {
3       int n;
4       double x;
```

```
5       scanf("%lf %d", &x, &n);
6       for (int i = 1; i <= n; i++) {
7           x = x * (1 + 0.001);
8       }
9       printf("%.4lf", x);
10      return 0;
11  }
```

样例输入	样例输出
13 10	13.1306

19.6 练　习

19.6.1 选择题

1. 关于这段代码，描述错误的是（　　　　）。

```
1  int cnt = 0;
2  for(int i = 0; i < 1000; i++)
3      if(i % 2 == 0) {
4          cnt++;
5      }
6  printf("%d", cnt);
```

    A. 这段代码可以输出 1000 以内偶数的个数

    B. 这段代码可以输出 1000 以内奇数的个数

    C. cnt 是一个计数器，每出现一个偶数，cnt 的数量加 1

    D. cnt 的初始值只能置为 0

2. 下面这段代码判断一个整数中的最小数字，/* 1 */处应填的选项是（　　　　）。

```
1  int x;
2  scanf("%d", &x);
3  int min = 10;
4  while(x) {
5      if(/* 1 */) {
6          min = x % 10;
7      }
8      x /= 10;
9  }
```

    A. x % 10 > min   B. x % 10 < min

    C. x / 10 > min   D. x / 10 < min

3. 下面这段代码输出一个整数中数字 7 的个数，/* 1 */处应填的选项是（　　　　）。

```
1  int x;
2  scanf("%d", &x);
```

```
3   int cnt = 0;
4   while(x) {
5       if(x % 10 == 7) {
6           /* 1 */
7       }
8       x /= 10;
9   }
10  printf("%d", cnt);
```

    A. cnt++;   B. x++;   C. cnt--;   D. x--;

4. 关于这段代码，描述错误的是（　　）。

```
1   int mx = -1;
2   for(int i = 1; i <= n; i++) {
3       int temp;
4       scanf("%d", &temp);
5       if(temp > mx)
6           mx = temp;
7   }
8   printf("%d", mx);
```

    A. 这段代码可以输出 n 个整数中的最大值

    B. mx 变量的初始值可以为任意值

    C. 可以通过 scanf("%d", &mx);对 mx 赋初值，这时 i 的初始值要改为 2

    D. mx 是"擂台变量"，输入的每个值和 mx 进行比较

5. 小理把压岁钱 1000 元存到银行，银行的年利率是 3%，存两年后取出，小理有多少钱？（　　）

    A. 1060   B. 1060.9   C. 0.9   D. 1030.9

6. 小理把压岁钱 1000 元存到银行，银行的年利率是 3%，小理想知道存 n 年后会有多少钱，编写下面的代码，/* 1 */处应填写（　　）。

```
1   #include<cstdio>
2   int main() {
3       int n;
4       scanf("%d", &n);
5       double money = 1000;
6       for(int i = 1; i <= n; i++)
7           /* 1 */
8       printf("%lf", money);
9   }
```

    A. money = money * 0.03;   B. money = money + 0.03;

    C. money = money * (1 + 0.03) * i;   D. money = money * (1 + 0.03);

7.【2023 年 9 月 1 级】在下列代码的/* 1 */处填写（   ），可以使得输出是正整数 1234 各位数字的平方和。

```
1  int n = 1234, s = 0;
2  for ( ; n; n /= 10)
3      s += /* 1 */; //此处填写代码
4  cout << s << endl;
```

A. n / 10   B. (n/10)*(n/10)

C. n % 10   D. (n%10)*(n%10)

8.【2024 年 9 月 1 级】下面的 C++代码执行后输出是（   ）。

```
1  int Sum = 0;
2  for(int i = 0; i < 10; i++)
3      Sum += i;
4  cout << Sum;
```

A. 55   B. 45   C. 10   D. 9

9.【2024 年 9 月 1 级】下面的 C++代码拟用于计算整数 N 的位数，例如对 123 则输出"123 是 3 位整数"，但代码中可能存在问题，下面有关描述正确的是（   ）。

```
1  int N, N0, rc=0;
2  cout << "请输入整数：";
3  cin >> N;
4  N0 = N;
5  while (N){
6      rc++;
7      N /= 10;
8  }
9  printf("%d 是 %d 位整数\n", N, rc); // L9
```

A. 变量 N0 占用额外空间，可以去掉

B. 代码对所有整数都能计算出正确位数

C. L9 标记的代码行简单修改后可以对正整数给出正确输出

D. L9 标记的代码行的输出格式有误

10.【2024 年 3 月 2 级】下面的 C++代码执行后的输出是（   ）

```
1  int n, masks, days, cur;
2  n = 17, masks = 10, days = 0;
3  cur = 2;
4  while (masks != n){
5      if (cur == 0 || cur == 1)
6          masks += 7;
7      masks -= 1;
8      days += 1;
```

```
9      cur = (cur + 1) % 7;
10 }
11 cout << days;
```

  A. 5   B. 6   C. 7   D. 8

11.【2024年3月2级】以下C++代码判断一个正整数N的各个数位是否都是偶数。如果都是，则输出"是"，否则输出"否"。例如N=2024时输出"是"，则横线处应填入（ ）。

```
1  int N,Flag;
2  cin >> N;
3  Flag = true;
4  while (N != 0){
5     if (N %2 != 0){
6        Flag = false;
7        _____//在此处横线处填入代码
8     }
9     else
10       N /= 10;
11 }
12 if(Flag == true)
13     cout << "是";
14 else
15     cout << "否";
```

  A. break;   B. continue;   C. N = N / 10;   D. N = N %10;

12.【2024年3月2级】一个数的所有数字倒序排列后这个数的大小保持不变，这个数就是回文数，例如101与6886都是回文数，100不是回文。以下程序代码用于判断一个数是否为回文数，横线处应填写（ ）。

```
1  int n, a, k;
2  cin >> n;
3  a = 0;
4  k = n;
5  while (n > 0){
6     a = _____; // 在此处填写代码
7     n /= 10;
8  }
9  if (a == k)
10     cout << "是回文数";
11 else
12     cout << "不是回文数";
```

  A. 10*a+n%10   B. a+n%10   C. 10*a+n/10   D. a+n/10

19.6.2 判断题

13. (　　　)【2023 年 9 月 2 级】下面的 C++代码执行后的输出为 10。

```
1  int cnt = 0;
2  for (int i = 1; i < 10; i++) {
3      cnt += 1;
4      i += 1;
5  }
6  cout << cnt;
```

第20章 强大的循环需要精密的控制

20.1 break 语句

想一想

在生活中，我们有时会遇到需要中途停止任务的情况。例如，小理在餐厅打工时负责洗盘子。盘子数量很多，且小理需要逐一清洗。然而，由于后厨人手不足，老板要求小理暂停清洗盘子，先去协助其他工作。在代码中，如何实现循环的中断呢？

在 C++语言中，使用 break 语句可以中断循环，中止当前循环结构，并执行循环结构之后的代码。参考代码如下。

```
1  for(int i = 1; i <= 6; i++) {
2    if(i % 3 == 0)
3      break;
4    printf("%d", i);
5  }
6  printf("end");
```

样例输出
12end

当 i 为 3 的倍数时，执行 break;语句，循环立即中止，跳出循环结构并执行后续语句。因此，只执行了 i 为 1 和 2 的循环迭代。

【编程例题】小理选车。

【题目描述】小理是一位热爱收集玩具车的学生，正在整理他的收藏。他拥有 n 辆玩具车，每辆都有其独特的价值。他决定从第一辆开始依次挑选展示。如果后一辆车的价值不高于前一辆，他就停止挑选。请计算小理挑选的这些车的总价值。

【输入格式】输入共两行：第一行包含一个整数 n，表示小理的玩具车数量；第二行包含 n 个整数 x_i，表示第 i 辆车的价值。

【输出格式】输出共一行，即小理挑选的这些车的总价值。

【样例解释】前 5 辆车的价值依次递增，到第 6 辆车时，由于-1<5，小理不再展示价值为-1 及其之后的车。因此，答案为 1+2+3+4+5=15。

【数据范围】对于 100%的数据，$1 \leqslant n \leqslant 1000$，$0 \leqslant x_i \leqslant 10^3$。

【解析】题意为：给定 n 个数，从头开始依次选取连续上升的数，当遇到数值下降时停止选取，求选取部分的和。思路：从头开始循环，当本次读入的数小于或等于上一次读入的数时，打断循环；否则求和并继续循环。如何存储上一次读入的数？准备一个变量 pre，在第 i

次循环时，进入下一轮循环之前将第 i 次读入的数存入 pre 中。对于下一轮第 i+1 次读入的数，pre 变量就是上一轮读入的数，如图 20.1 所示。

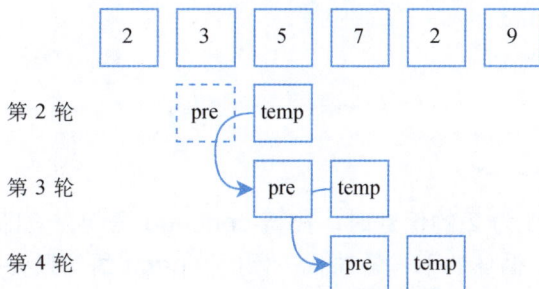

图 20.1

【代码实现】

```cpp
1  #include <cstdio>
2  int main() {
3      int pre = -10000, n, sum = 0, temp;
4      scanf("%d", &n);
5      for (int i = 1; i <= n; i++) {
6          scanf("%d", &temp);
7          if (temp <= pre)
8              break;
9          sum += temp;
10         pre = temp;
11     }
12     printf("%d", sum);
13     return 0;
14 }
```

样例输入	样例输出
8 1 2 3 4 5 -1 2 4	15

20.2　continue 语句

想一想

　　小理在餐厅负责洗盘子。清洗盘子的步骤包括：冲水、涂抹洗洁精、使用钢丝球刷洗、再次冲水等。小理的操作方式是一次处理一个盘子：他会从待洗的餐具堆中取出一个盘子，并依次执行上述清洁步骤。然而，在某次冲洗过程中，小理发现手中的盘子有破损，那么这个盘子就不再需要执行后续操作了，小理直接丢弃这个盘子，然后取出下一个盘子继续执行清洗流程。

　　洗盘子是一组需要循环重复的操作。当盘子不满足条件时（例如破损），可以停止当前盘子的处理并跳过后续步骤直接进入下一个盘子的清洗流程。在 C++语言中，使用 continue 语句可以实现类似的效果：停止执行当前循环的后续语句，直接进入下一轮循环。示例代码如下。

```
1  for(int i = 1; i <= 6; i++) {
2      if(i % 2 == 0)
3          continue;
4      printf("%d", i);
5  }
```

输出结果：135。当 i 为 2 的倍数时，执行 continue 语句，立即跳过本轮循环，即跳过 printf 语句，直接进入 for 循环的下一轮迭代。因此，printf 语句只在 i 为 1、3、5 时执行。

【编程例题】小理找数字 2。

【题目描述】小理在整理他的数字收藏。他手上有两个数字，分别是 a 和 b，他想知道在大于或等于 a 且小于或等于 b 的正整数中，有哪些数字是 6 的倍数但不是 5 的倍数。

【输入格式】输入共一行，包含两个正整数 a 和 b。

【输出格式】输出共一行，包含满足条件的整数，数字之间用空格隔开。如果没有符合条件的数字，则不需要输出任何内容。

【数据范围】对于 100%的数据，$1 \leq a \leq b \leq 1000$。

【解析】依次枚举[a,b]范围内的整数。对于每个整数 i：如果 i 不是 6 的倍数，则跳过；如果 i 是 5 的倍数，则也跳过。没有被跳过的整数即符合要求，输出这些整数。

【代码实现】

```
1  #include <cstdio>
2  int main() {
3      int a, b;
4      scanf("%d %d", &a, &b);
5      for (int i = a; i <= b; i++) {
6          if (i % 6 != 0 || i % 5 == 0)
7              continue;
8          printf("%d ", i);
9      }
10     return 0;
11 }
```

样例输入	样例输出
1 100	6 12 18 24 36 42 48 54 66 72 78 84 96

20.3 标 记 法

想一想

存在一个整数 x，需要判断其各个数位中是否存在数字 5。如果存在，输出 Yes；如果不存在，则输出 No。

可以使用循环来遍历 x 的每个数位。在循环过程中，如果找到数字 5，则记录"找到目标数字"。在代码中，可以使用一个 bool 类型变量来标记是否找到了数字 5。

一旦在循环中找到数字 5，就应立即修改该变量并结束循环。题目要求判断某个数字的各个数位中是否存在数字 5，因此在找到后无须继续检查后续数位。循环结束后，根据该变量的值即可判断是否找到了数字 5。

这种用于标记状态的变量称为"标记变量"，而这种编程思想被称为"标记法"。以下是参考代码：

```
1  bool flag = false;      // 标记变量，初始值为 false
2  while(x != 0) {         // 拆分 x 的各个数位进行检查
3      if(x % 10 == 5) {   // 检查 x 的个位是否为 5
4          flag = true;    // 修改标记
5          break;          // 结束循环
6      }
7      x /= 10;            // 删除 x 的个位，检查后续位
8  }
9  if(flag)                // 标记被修改过，说明存在 5
10     printf("Yes");
11 else
12     printf("No");
```

标记法是一种有效的方法，用于在循环中验证条件并在循环结束后检查这些条件是否已满足。当标记发生变化时，这表明条件在循环过程中已得到满足；相反，若标记未发生变化，则表明即使循环结束，条件仍未达成。

20.4 练 习

20.4.1 选择题

1. 下面关于 break 和 continue 描述错误的是（　　　）。

A. break 语句可以中止循环

B. continue 语句可以跳过一次循环

C. break 语句在学习 switch 分支的时候出现过

D. 如果循环中出现了 continue，那么循环终止

2. 执行下面代码，1 和 2 分别输出了（　　　）次。

```
1  for(int i = 1; i <= 10; i++) {
2      printf("1");
3      if(i == 3)
4          break;
5      printf("2");
```

```
6  }
```

A. 3, 3　　　　　B. 2, 2　　　　　C. 3, 2　　　　　D. 10, 2

3. 执行下面代码，1 和 2 分别输出了（　　　）次。

```
1  for(int i = 1; i <= 10; i++) {
2      printf("1");
3      if(i == 3)
4          continue;
5      printf("2");
6  }
```

A. 10, 9　　　　　B. 10, 10　　　　　C. 3, 2　　　　　D. 9, 9

4. 输入 10 个整数，如果输入 0，则终止输入，横线处应填（　　　）。

```
1  for(int i = 1; i <= 10; i++) {
2      int k;
3      scanf("%d", &k);
4      if(_____)
5          break;
6  }
```

A. k == 0　　　　　B. i == 0　　　　　C. k != 0　　　　D. k = 0

5. 循环中不使用 continue，代码块可以修改为（　　　）。

```
1  for(int i = 1; i <= 6; i++) {
2      if(i%2 == 0)
3          continue;
4      printf("%d", i);
5  }
```

A. if(i % 2 != 0) printf("%d", i);　　　　　B. if(i % 2 == 0) printf("%d", i);

C. if(i % 2 != 1) printf("%d", i);　　　　　D. if(i % 2 == 0) break; printf("%d", i);

6.【2023 年 12 月 1 级】下面的 C++代码执行后的输出是（　　　）。

```
1  int cnt = 0;
2  for(int i = 1; i < 20; i++){
3      if(i % 2)
4          continue;
5      else if(i % 3 == 0 && i % 5 == 0)
6          break;
7      cnt += i;
8  }
9  cout << cnt;
```

A. 90　　　　B. 44　　　　　C. 20　　　　　D. 10

7.【2024 年 6 月 1 级】下面的 C++代码用于判断 N 是否为质数（只能被 1 和它本身整

除的正整数）。程序执行后，下面的描述正确的是（　　　）。

```
1  int N;
2  cout << "请输入整数： ";
3  cin >> N;
4  bool Flag = false;
5  if (N >= 2) {
6    Flag = true;
7    for (int i = 2; i < N; i++)
8        if (N % i == 0) {
9            Flag = false;
10           break;
11       }
12 }
13 if(Flag)
14     cout << "是质数 ";
15 else
16     cout << "不是质数 ";
```

A. 如果输入负整数，可能输出"是质数"

B. 如果输入 2，将输出"不是质数"，因为此时循环不起作用

C. 如果输入 2，将输出"是质数"，即便此时循环体没有被执行

D. 如果将 if(N >= 2) 改为 if(N > 2) 将能正确判断 N 是否质数

8.【2024 年 9 月 1 级】下面的 C++ 代码执行后输出的是（　　　）。

```
1  int N = 0;
2  for(int i = 1; i < 10; i += 2) {
3      if(i % 2 == 1)
4          continue;
5      N += 1;
6  }
7  cout << N;
```

A. 5　　　　　　　　B. 4　　　　　　　　C. 2　　　　　　　　D. 0

9.【2024 年 3 月 2 级】下列说法错误的是（　　　）。

A. while 循环满足循环条件时不断运行，直到指定的条件不满足

B. if 语句通常用于执行条件判断

C. 在 C++ 语言中可以使用 foreach 循环

D. break 和 continue 语句都可以用在 for 循环和 while 循环中

10.【2023 年 9 月 2 级】下面的 C++ 代码用于判断 N 是否为质数（素数），约定输入 N 为大于或等于 2 的正整数，在横线处填入的代码是（　　　）。

```
1  int N = 0, i = 0;
2  cout << "请输入一个大于或等于 2 的正整数："；
```

```
3   cin >> N;
4   for(i = 2; i < N; i++)
5       if (N % i == 0){
6           cout << "非质数";
7           _____; // 此处填写代码
8       }
9   if(i == N)
10      cout << "是质数" ;
```

    A. break   B. continue   C. exit   D. return

11.【2024 年 6 月 2 级】执行下面的 C++ 代码，有关说法正确的是（   ）（质数是指仅能被 1 和它本身整除的正整数）。

```
1   int N;
2   cin >> N;
3   bool Flag = true;
4   for ( int i = 2; i < N; i++){
5       if (i * i > N)
6           break;
7       if (N % i == 0){
8           Flag = false;
9           break;
10      }
11  }
12  if (Flag)
13      cout << N << "是质数" << endl;
14  else
15      cout << N << "不是质数" << endl;
```

    A. 如果输入正整数，上面代码能正确判断 N 是否为质数

    B. 如果输入整数，上面代码能正确判断 N 是否为质数

    C. 如果输入大于或等于 0 的整数，上面代码能正确判断 N 是否为质数

    D. 如将 Flag = true 修改为 Flag = N >= 2 ? true : false，则能判断所有整数包括负整数、0、正整数是否为质数

12.【2023 年 9 月 2 级】下面的 C++ 代码执行后的输出是（   ）。

```
1   int x = 1;
2   while (x < 100) {
3       if(!(x % 3))
4           cout << x << ",";
5       else if (x / 10)
6           break;
7       x += 2;
8   }
```

```
9  cout << x;
```

    A. 1　　　　　B. 3, 9, 11　　　　C. 3,6,9,10　　　　D. 1,5,7,11,13,15

20.4.2　判断题

13. (　　　)【2023 年 9 月 1 级】在下面的 C++ 代码中，由于循环中的 continue 是无条件执行的，因此将导致死循环。

```
for (int i = 1; i < 10 ; i++) continue;
```

14. (　　　)【2023 年 12 月 1 级】在下面的 C++ 代码中，由于循环中的 continue 是无条件执行的，因此将导致死循环。

```
1  while(1)
2     continue;
```

15. (　　　)【2024 年 6 月 1 级】在 C++ 语言中，break;语句用于中止当前层次的循环，循环可以是 for 循环，也可以是 while 循环。

20.4.3　填空题

16. 下面的代码使用标记法判断一个整数中是否包含数字 7。

```
1  int x;
2  scanf("%d", &x);
3  bool flag = false;
4  while(x) {
5      if(x % 10 == 7) {
6          /* 1 */
7          /* 2 */
8      }
9      x /= 7;
10 }
```

（1）/* 1 */处填写_____;

（2）/* 2 */处填写_____，可以在找到第一个数字 7 时中止循环。

第21章 重重嵌套——多重循环

21.1 变量的作用域

在代码的不同部分定义变量时，变量的可使用范围（即作用域）会有所不同。"作用域"指的是已定义的变量能够起作用的区域。

定义在复合语句内的变量为局部变量，其初始值为未定义（通常称为"随机值"或"垃圾值"），作用域为所属的复合语句。当复合语句执行完毕后，局部变量会被销毁。定义在主函数外的变量称为全局变量，其初始值默认为 0，作用域为定义之后的所有函数。

```
1  #include<cstdio>
2  int a; // a 为全局变量
3  int main() {
4      int b; // b 为局部变量
5      scanf("%d %d", &a, &b);
6      printf("%d %d", a, b);
7      return 0;
8  }
```

程序示例：下列参考代码中，变量 i 与变量 j 均为局部变量，它们的作用域用注释标注出。

```
1  for (int i = 1; i <= 9; i++) {
2      // 能使用 i, 不能使用 j
3      for (int j = 1; j <= 9; j++) {
4          // 能使用 i, 能使用 j
5      }
6      // 能使用 i, 不能使用 j
7  }
```

21.2 多重循环

想一想

请输出一个长为 n、宽为 m、以 0 填充组成的长方形。

在思考该问题前，先解决简化版问题：输出一个长为 1、宽为 m、以 0 填充组成的长方形。使用一重循环即可轻松解决该问题。参考代码如下。

```
1  for(int i = 1; i <= m; i++)
2      printf("0");
```

一重循环解决了输出单行包含 m 个元素的问题。为了将输出从单行扩展到多行，可以再添加一重循环来重复每一行。在内层循环中，依次打印某一行中的每个元素，从第 1 个元素至第 m 个元素。每当完成一行的打印后，程序应输出一个换行符以开始新一行的打印。通过这种方式，我们可以输出 n 行，每行包含 m 个元素。参考代码如下。

```
1  for(int i = 1; i <= n; i++) {      // 循环第 i 行
2      for(int j = 1; j <= m; j++)     // 循环第 j 列
3          printf("0");                // 输出第 i 行第 j 列的 0
4      printf("\n");                    // 输出第 i 行的换行
5  }
```

想一想

请使用循环嵌套输出九九乘法表。

【编程例题】数字层三角形。

【题目描述】小理需要绘制一个 n 行的数字层三角形，其中第 i 行有 i 个数，每个数均为 i。

【输入格式】输入共一行，包含一个整数 n。

【输出格式】输出共 n 行，即一个数字层三角形。

【数据范围】对于 100% 的数据，$1 \leq n \leq 1000$。

【解析】利用双重循环：第一层循环枚举每一行，第二层循环枚举每一列。对于第 i 行，第二层循环应该枚举 i 列，对于每一列，输出当前的行号 i。

【代码实现】

```
1  #include <cstdio>
2  int main() {
3      int n;
4      scanf("%d", &n);
5      // 枚举每一行
6      for (int i = 1; i <= n; i++) {
7          for (int j = 1; j <= i; j++)    // 枚举第 i 行的每一列
8              printf("%d", i);            // 输出第 i 行第 j 列的数 i
9          printf("\n");                    // 输出第 i 行后的换行
10     }
11     return 0;
12 }
```

样例输入	样例输出
4	1
	22
	333
	4444

21.3 多重循环技巧与应用

21.3.1 技巧一：模块重复

在实践中，多重循环不仅用于处理行与列之间的直接的包含关系，还广泛应用于需要重复执行的任务。例如，制作三菜一汤需要重复 4 次相似的步骤，即"洗菜、切菜、烧菜"。一天共 3 顿饭，需要执行 3 次做饭，每次重复制作三菜一汤。

我们可以将具有特定功能的代码视为一个模块。在分析多重循环的代码时，将内层的代码作为一个模块来分析，可以使思路更清晰。例如，将制作三菜一汤视为一个"做饭模块"，做一天的三餐就是重复执行 3 次"做饭模块"。这种视角不再局限于"重复套重复"的思维方式，使理解更为简便。

想一想

给定一个十进制正整数 n，写下从 1 到 n 的所有整数，统计其中出现的数字 1 的个数。

可以将统计一个数中数字 1 的个数看作一个模块。例如,需要统计数 x 中数字 1 的个数,参考代码如下。

```
1  int cnt = 0;
2  while(x != 0) {
3      if(x % 10 == 1)
4          cnt++;
5      x /= 10;
6  }
```

统计从 1 至 n 的每个数中数字 1 的个数，即将该过程重复 n 次，每次统计的数不同。参考代码如下。

```
1  for(int i = 1; i <= n; i++) {
2      int x = i;              //单独存储第 i 个数
3      while(x != 0) {
4          if(x % 10 == 1)     //判断个位是否为 1
5              cnt++;          //统计个数增加
6          x /= 10;            //移除个位
7      }
8  }
```

注意

在每轮循环中，模块间的变量相互独立，因此要始终注意变量的初始化。进入下一轮循环时，如果没有正确设置变量的初始值，可能会导致错误。这是许多同学在完成 GESP 编程题时常见的问题。

21.3.2　技巧二：求解方程式

想一想

求出满足方程 $2x+y=10$ 的所有可能的整数 x 和 y。

在数学中，形如 $2x+y=10$ 的表达式称为方程式，可以利用多重循环结构来枚举所有可能的解。使用循环枚举整数 x 和 y，第一重循环枚举 x 的可能取值，第二重循环枚举 y 的可能取值，当条件 $2x+y=10$ 被满足时，说明当前枚举的 x 与 y 是方程的解。参考代码如下。

```
1   // 枚举 x 的可能取值
2   for(int x = 1; x <= 10; x++)
3   // 在 x 确定时，枚举 y 的可能取值
4       for(int y = 1; y <= 10; y++)
5       // 判断当前 x 和 y 是否满足方程
6           if(2 * x + y == 10)
7               printf("x:%d,y:%d\n", x, y);
```

样例输出
x:1,y:8
x:2,y:6
x:3,y:4
x:4,y:2

【编程例题】小理的征途。

【题目描述】小理正在为他的北极探险梦想筹集资金。他制订了一项每周筹款计划：在每周的七天里，他每天根据规则筹集资金。具体来说，从星期一到星期日，他每天分别筹集 x，$x+k$，$x+2k$，…，$x+6k$ 元。小理计划按照这个筹款方案连续进行 52 周，目标是筹集到 n 元。现在请你帮忙计算 x 和 k 为多少时，能刚好筹集 n 元。如果有多个答案，输出 k 尽可能小的且 x 尽可能大的解（注意：k 必须大于 0）。

【输入格式】输入共一行，包含一个正整数 n，表示所需的金额。

【输出格式】输出共两行：第一行为 x 的值；第二行为 k 的值。

【数据范围】对于 100% 的数据，$1456 \le n \le 145600$。

【解析】通过阅读题目可知，每周需要筹集的资金为 $7x+21k$。由于需要筹集 52 周，因此总共需要筹集的资金为 $52 * (7x+21k)$。题目要求确定 x 和 k 的值，使得 $52 * (7x+21k) = n$ 成立。已知 x 的范围，可以通过双重循环分别枚举 k 和 x 的值。当 k 和 x 确定时，判断该表达式是否成立。若表达式成立，则说明找到了符合条件的 k 和 x。题目要求 k 尽可能小，x 尽可能大。因此，外层循环枚举 k，从小到大；内层循环枚举 x，从大到小。通过枚举所有可能的情况，找到满足条件的 k 和 x。

【代码实现】

```
1   #include <cstdio>
2   int main() {
3       int n;
```

样例输入	样例输出
1456	1
	1

```
4      scanf("%d", &n);
5      for (int k = 1; ;k++)
6        for (int x = 100; x >= 1; x--)
7          if (52 * (7 * x + 21 * k) == n) {
8              printf("%d\n%d", x, k);
9              return 0;
10         }
11     return 0;
12 }
```

21.3.3　技巧三：多组数据

有些题目会在一次运行程序时要求处理多组独立的测试样例，而不是仅处理一组输入数据就结束。例如：计算多对数字的和（每组输入两个数，输出它们的和）。首先输入测试样例的组数 T，接下来输入 T 组测试样例，每组输入两个数。输入与输出样例如下。

这类题目需要使用一个循环来重复执行解题部分，每次循环处理一组数据。代码框架如下。

```
1  scanf("%d", &T); // 读入多组数据的组数
2  // 循环处理不同组测试样例
3  for(int t = 1; t <= T; t++) {
4    // 输入第 t 组数据
5    // 求解第 t 组数据
6    // 输出第 t 组数据答案
7  }
```

样例输入	样例输出
3	6
2 4	4
3 1	11
5 6	

同学在做题时可能会疑惑，实际运行程序展示的结果与图 21.1 中一致，输出数据会与输入数据混杂在一起。这种情况是否正确？答案是正确的。处理多组数据的题目时，无须在最后统一输出每组数据的答案，即处理完每组数据后立即输出该组数据的答案。因为在程序执行过程中，输入数据与输出数据是通过两种不同的"管道"进行数据传输的。在 Windows 系统中，由于程序仅显示在一个黑框中，输入数据与输出数据会混在一起展示。测评软件（如在线测评网站）会自动将输出数据的"管道"与输入数据的"管道"分开，取出程序的输出部分。

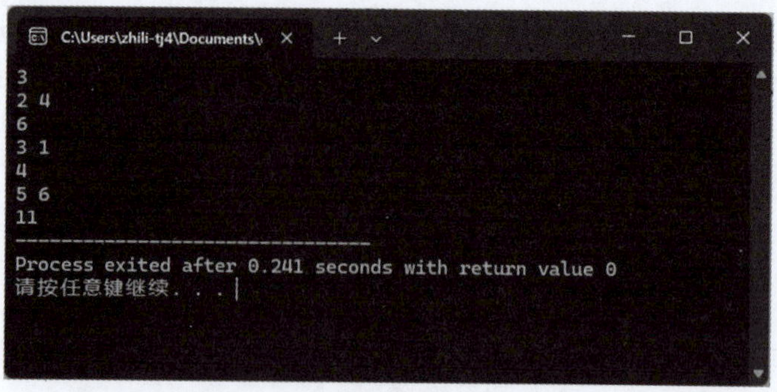

图 21.1

在循环处理多组数据时，每组数据使用的变量相互独立，要始终注意变量的初始化。

【编程例题】集卡。

【题目描述】小理最近买了 T 次卡牌，每次买了 n 张（注意，不同次买的卡牌数量不一定相同）。每张卡都有一个数字编号，如果编号是 0 则代表抽到了隐藏款。小理想分别知道每次购买的卡牌中，是否抽到了隐藏款。如果抽到了则输出 yes，否则输出 no。

【输入格式】输入共 T*2+1 行。第一行，一个整数 T，表示小理买了 T 次卡牌。接下来包含 T 组数据，代表小理 T 次购买卡牌的情况。对于每次购买卡牌的情况，共包含两行输入：第一行为一个整数 n，表示购买了 n 张卡牌；第二行包含 n 个整数，表示本次购买的 n 张卡牌的数字编号。

【输出格式】输出共 T 行，每行一个 yes 或者 no，表示是否抽到了隐藏款。如果抽到了隐藏款，则输出 yes；否则输出 no。

样例输入 1	样例输出 1
1 5 1 2 3 4 0	yes

样例输入 2	样例输出 2
2 3 1 2 3 4 1 2 0 3	no yes

【数据范围】对于 100% 的数据，满足 T<100，0<n<10^4，且卡牌的数字编号在 C++ 语言中的 int 范围内。

【解析】根据题目描述，循环 T 次，处理每次抽卡的情况。对于每次抽卡，读入 n 张卡牌后，需要判断这 n 张卡牌中是否存在编号为 0 的卡牌。使用标记变量 flag 来记录抽卡的结果。开始时，flag 为 false，表示未抽到编号为 0 的卡牌。在遍历过程中，依次判断读入的数字，当读入的数字为 0 时，将标记变量 flag 修改为 true。遍历完每次抽卡的 n 个数字后，检查标记变量。如果 flag 为 true，则说明在这 n 个数字中存在编号为 0 的卡牌。

【代码实现】

```
1  #include <cstdio>
2  int main() {
3      int T, n, temp;
4      scanf("%d", &T);
5      for (int t = 1; t <= T; t++) { // T 次抽卡
6          bool flag = false; // 第 t 次的标记
7          scanf("%d", &n);
8          for (int i = 1; i <= n; i++) {
9              scanf("%d", &temp);
10             if (temp == 0)
11                 flag = true;
12         }
```

```
13        if (flag)
14            printf("yes\n");
15        else
16            printf("no\n");
17    }
18 }
```

21.4 练　习

21.4.1 选择题

1. 下面关于变量作用域描述错误的是（　　　）。
   A. 用一对花括号括住的部分称为一个代码块，定义在代码块内的变量为局部变量
   B. 局部变量只能在所属代码块内使用
   C. 定义在函数外的变量是全局变量
   D. 局部变量和全局变量的初始值都是 0

2. 在/* 1 */处出现（　　　）语句会出现编译错误？

```
1  #include<cstdio>
2  int main() {
3      int a, b;
4      scanf("%d%d", &a, &b);
5      if(a < b) {
6          int temp = a;
7          a = b;
8          b = temp;
9      }
10     /* 1 */
11 }
```

   A. printf("%d", a);   B. printf("%d", b);
   C. printf("%d", temp);   D. 都不会出现编译错误

3. 下面关于多重循环描述错误的是（　　　）。
   A. 一个循环内部再写一个循环是双重循环
   B. for 循环不能嵌套 while 循环
   C. for 循环、while 循环、do-while 循环都可以互相嵌套
   D. if 语句能嵌套多重循环

4. 变量 cnt 最后的值是（　　　）。

```
1  int cnt = 0;
2  for (int i = 1; i <= 3; i++) {
```

```
3        for (int j = 1; j <= 4; j++){
4            cnt ++;
5        }
6    }
```

  A. 12　　　　　　　　B. 4　　　　　　　　C. 20　　　　　　　D. 6

5. 下面关于变量作用域的描述错误的是（　　　　）。

  A. 定义在循环代码块内的变量不能在循环外使用

  B. 定义在内层循环的变量不能在外层循环使用

  C. 在 for 循环圆括号中定义的变量 i 不能在花括号中使用

  D. 全局变量可以在 main() 函数中使用

6. 下面的循环输出如下所示的倒三角形，/* 1 */处应该填写（　　　　）。

```
1    for (int i = 1; i <= 3; i++) {
2        for(/* 1 */; j <= 3; j++)
3            printf("* ");
4        printf("\n");
5    }
```

样例输出
* * *
* *
*

  A. int j = 1　　　　　B. int j = i　　　　　C. j = l　　　　　D. i = 1

7. 下面的循环输出如下所示的正三角形，/* 1 */处应该填写（　　　　）。

```
1    for (int i = 1; i <= 3; i++) {
2        for(int j = 1; /* 1 */; j++)
3            printf("* ");
4        printf("\n");
5    }
```

样例输出
*
* *
* * *

  A. j <= i　　　　　B. j <= 3　　　　　C. j >= l　　　　　D. i <= 3

8. 【2023 年 12 月 1 级】对下面的代码，描述正确的是（　　　　）。

```
1    #include <stdlib.h>
2    using namespace std;
3    int main(){
4        int arr[] = {2,6,3,5,4,8,1,0,9,10};
5        for(int i = 0; i < 10; i++)
6            cout << arr[i] << " ";
7        cout << i << endl;
8        cout << endl;
9        return 0;
10   }
```

  A. 输出 2 6 3 5 4 8 1 0 9 10 10　　　　B. 输出 2 6 3 5 4 8 1 0 9 9

  C. 输出 2 6 3 5 4 8 1 0 9 10　　　　　D. 提示有编译错误

9. 【2023 年 9 月 2 级】下面的 C++代码执行后的输出是（　　　　）。

```
1   int cnt = 0;
2   for (int i = 1; i < 9; i++)
3       for (int j = 1 ; j < i; j += 2)
4           cnt += 1;
5   cout << cnt;
```

    A. 16   B. 28   C. 35   D. 36

10.【2023 年 9 月 2 级】下面的 C++代码执行后的输出是（   ）。

```
1   int cnt = 0;
2   for (int i = 1; i < 13; i += 3)
3       for (int j = 1 ; j < i ; j += 2)
4           if (i * j % 2 == 0)
5               break;
6           else
7               cnt +=1;
8   cout << cnt;
```

    A. 1   B. 3   C. 15   D. 没有输出

11.【2023 年 9 月 2 级】输出如下所示，输出 N 行 N 列的矩阵，对角线为 1，/* 1 */处应填入（   ）。

```
1    int N = 0;
2    cout << "请输入行列数量：";
3    cin >> N;
4    for (int i = 1; i < N + 1; i++){
5        for (int j = 1; j < N + 1; j++)
6            if(/* 1 */) //此处填写代码
7                cout << 1 << " ";
8            else
9                cout << 0 << " ";
10       cout << endl;
11   }
```

样例输出
请输入行列数量：9
1 0 0 0 0 0 0 0 0
0 1 0 0 0 0 0 0 0
0 0 1 0 0 0 0 0 0
0 0 0 1 0 0 0 0 0
0 0 0 0 1 0 0 0 0
0 0 0 0 0 1 0 0 0
0 0 0 0 0 0 1 0 0
0 0 0 0 0 0 0 1 0
0 0 0 0 0 0 0 0 1

    A. i = j   B. j != j   C. i >= j   D. i == j

21.4.2 填空题

12. 下面这段代码能够统计 1 到 1000 中有多少个数字包含数字 7（注意，77 算作一个数字）。

```
1   int cnt = 0;
2   for(int i = 1; i <= 1000; i++) {
3       int k = i;
4       while(k) {
```

```
5            if(k % 10 == 7){
6                 _____
7                 _____
8            }
9            k /= 10;
10       }
11 }
```

（1）第一条横线处填写_____。

（2）第二条横线处填写_____。

附录 A 计算机常识应知应会

A.1 计算机基本构成

现代计算机基于冯·诺依曼架构，主要包括五个部分：运算器、控制器、存储器、输入设备和输出设备。随着技术的发展，这些部分在实际硬件中得到了具体的实现。具体包括以下几个方面。

中央处理单元（CPU）主要用于数据的计算，通常包含三个关键部分：算术逻辑单元（ALU）负责执行逻辑、位移和算术运算；控制单元（CU）协调各个子系统的操作；寄存器组（快速存储单元）用来临时存放数据。由此可见，CPU 承担了运算器、控制器以及部分存储器的功能。

内部存储器（简称内存）主要用于数据的临时存储。内存断电后无法保存数据，为长期保存数据，可使用磁盘、磁带、光盘和闪存等设备，这些设备称为外部存储器，简称外存。

输入与输出设备（简称 I/O 设备）主要用于数据的输入和输出，使计算机与用户及其他设备通信。常见的输入设备包括键盘、鼠标，而显示器、麦克风和扬声器是常见的输出设备。

存储器是计算机中一类复杂且关键的部件，几乎每个计算机元器件都依赖于它来存储数据。存储器分为内存和外存两大类，具体分类如表 A.1 所示。

表 A.1

内存	主存储器	随机存储（random access memory，RAM）
		只读存储器（read-only memory，ROM）
外存	闪存	固态硬盘
		U 盘
	磁表面存储器	磁带
		磁盘（机械硬盘）
	光表面存储器	光盘

RAM、ROM 和高速缓冲存储器（Cache）是计算机中常见的三种存储类型，它们具有不同的功能、特点和用途，以下是它们的详细解释和区别。

☑ RAM：作为临时存储器，用于存储当前正在运行的程序和数据。它需要电力维持数据，断电后存储内容会丢失。

☑ ROM：主要用于存储固定数据（如固件或启动程序），断电后数据不丢失。传统 ROM 不可修改，但现代 ROM 类型（如 Flash）允许有限次数的写入操作。

☑ Cache：位于 CPU 内部或附近的超高速存储器，用于缓存 CPU 即将使用的数据和指令，以减少访问 RAM 的延迟。

A.2 操 作 系 统

操作系统是计算机硬件与用户（程序或个人）之间的接口，作为通用管理程序，它负责管理计算机系统中各部件的活动，并确保硬件和软件资源的高效利用。常见的操作系统包括Windows、UNIX 和 Linux 等。

☑ Windows 操作系统：由美国微软公司开发，于 1985 年首次发布。其前身是 MS-DOS系统，经过不断更新升级，用户体验逐步提升，现已成为全球广泛使用的操作系统之一。

☑ UNIX 操作系统：一种功能强大的支持多用户、多任务处理的操作系统，兼容多种处理器架构。UNIX 最早于 1969 年由 AT&T 的贝尔实验室开发完成。

☑ Linux 操作系统：一种类 UNIX 操作系统，其内核由 Linus Torvalds 首次发布。Linux同样支持多用户、多任务处理，并兼容多线程和多 CPU 配置。它继承了 UNIX 以网络为核心的设计理念，是一种稳定可靠的多用户网络操作系统。Linux 拥有上百种发行版，如 Ubuntu、Debian、Red Hat 和 SUSE 等。

A.3 计算机网络

计算机网络通过通信线路和设备连接不同地理位置的多台独立计算机，以实现资源共享和信息交换。根据覆盖范围，计算机网络可分为以下三类：

☑ 局域网（local area network，LAN）：覆盖较小区域，如办公室、学校或家庭网络。家庭中的 Wi-Fi 属于无线局域网。

☑ 城域网（metropolitan area network，MAN）：覆盖一个城市或几个城市的区域。

☑ 广域网（wide area network，WAN）：覆盖广泛的地理区域，包括跨城市、国家乃至全球。

计算机网络的组件组织与交互遵循特定的层级结构，这种结构定义了网络操作的理论框架及通信规则。常见的网络层级结构包括：

☑ TCP/IP 四层模型：链路层、网络层、传输层、应用层。

☑ OSI 七层模型：物理层、数据链路层、网络层、传输层、会话层、表示层、应用层。

网络协议是指导设备间通信的规则和标准集合。常见的协议包括：

☑ 应用层协议：超文本传输协议（HTTP）、电子邮件系统（SMTP、POP、IMAP）、文件传输协议（FTP）、远程登录（Telnet）。

☑ 传输层协议：TCP 和 UDP。

☑ 互联网层协议：IP、ICMP、IGMP。

IP 地址是网络协议中用于唯一标识网络设备的数字标签，分为 IPv4 和 IPv6 两种版本。

☑ IPv4 地址：由 32 位二进制数构成，通常表示为四个十进制数（0～255），用点分隔，例如 192.168.1.1。

☑ IPv6 地址：采用 128 位地址长度，通常表示为八组四个十六进制数，用冒号分隔，例如 2001:0db8:85a3:0000:0000:8a2e:0370:7334。

IPv4 地址根据网络规模和用途划分为五类（A、B、C、D、E），每类的地址范围和用途不同，如表 A.2 所示。

表 A.2

类　　别	IP 地址范围	网络数量	适用范围
A 类 IPv4 地址	0.0.0.0～127.255.255.255	126	大型网络
B 类 IPv4 地址	128.0.0.0～191.255.255.255	16 384	中等规模网络
C 类 IPv4 地址	192.0.0.0～223.255.255.255	2 097 152	小型局域网
D 类 IPv4 地址	224.0.0.0～239.255.255.255	不适用	组播通信
E 类 IPv4 地址	240.0.0.0～255.255.255.255	不适用	实验用途

子网划分是计算机网络中的重要概念，直接关系到网络的设计与管理。子网划分是将一个较大的 IP 网络分割为若干较小的逻辑子网的过程。这一操作有助于优化网络性能和资源管理。

A.4　编程语言

程序设计语言是根据预定的语法规则编写的语句集合。机器语言、汇编语言和高级语言是程序设计语言的三种主要类型，它们构成了程序设计语言的完整体系。

☑ 机器语言：计算机最早的程序设计语言，由二进制代码（0 和 1）构成，是计算机能直接识别的语言。其特点是可读性差、复用性低。

☑ 汇编语言：使用助记符（如 MOV、ADD）代替二进制代码，并通过汇编程序将汇编语言代码翻译为机器语言。

☑ 高级语言：一种基于人类日常语言的高度封装编程语言，使用易于理解的文字表示，具有较高的可读性。高级语言的设计目标是使程序员摆脱汇编语言的烦琐细节。

高级语言需要通过"翻译程序"转换为机器语言，计算机才能识别和执行。翻译形式主要有两种：编译和解释。

☑ 编译：通过编译程序将整个源代码一次性转换为机器语言，生成可直接运行的目标程序。典型的编译型语言包括 C/C++、Pascal 和 Rust。

☑ 解释：使用解释程序逐行扫描并执行源代码，不生成直接执行的目标程序。常见的解释型语言包括 Python、JavaScript、PHP 和 Perl。

知识补充

王选（1937年2月5日—2006年2月13日），男，江苏无锡人，出生于上海，中国计算机科学家，中国科学院院士、中国工程院院士，北京大学教授。他是汉字激光照排系统的创始人和技术负责人。王选所领导的科研团队研制出的汉字激光照排系统为新闻出版全过程的计算机化奠定了基础，被誉为"汉字印刷术的第二次发明"。中国计算机学会王选奖是中国计算机学会于2005年设立的奖项。该奖项最初名为中国计算机学会创新奖，2010年更为现名，以纪念著名计算机科学家王选。

A.5　练　习

A.5.1　选择题

1. 【2020年CSP-J初赛】编译器的主要功能是（　　　）。

 A. 将源程序翻译为机器指令代码

 B. 将源程序重新组合

 C. 将低级语言翻译为高级语言

 D. 将一种高级语言翻译为另一种高级语言

2. 以下不是存储设备的是（　　　）。

 A. 光盘　　　　　B. 鼠标　　　　　C. 磁盘　　　　　D. 固态硬盘

3. 断电后会丢失数据的存储器是（　　　）。

 A. ROM　　　　　B. 光盘　　　　　C. RAM　　　　　D. 硬盘

4. 下列对操作系统功能的描述中最为完整的是（　　　）。

 A. 负责外设与主机之间的信息交换

 B. 负责诊断机器的故障

 C. 控制和管理计算机系统的各种软硬件资源的使用

 D. 将源程序编译为目标程序

5. 不属于操作系统的是（　　　）。

 A. Windows　　　B. DOS　　　　　C. Photoshop　　　D. NOI Linux

6. 在Windows系统中，可以通过文件扩展名判别文件类型，（　　　）是可执行文件的扩展名。

 A. xml　　　　　B. txt　　　　　C. obj　　　　　D. exe

7. 广域网的英文缩写是（　　　）。

 A. LAN　　　　　B. WAN　　　　　C. MAN　　　　　D. LNA

8. Wi-Fi属于以下哪种网络类型？（　　　）

 A. 无线路由器　　　　　　　　　　B. 无线局域网

 C. 无线城域网　　　　　　　　　　D. 无线广域网

9.【2024年12月1级】2024年10月8日，诺贝尔物理学奖"意外地"颁给了两位计算机科学家约翰·霍普菲尔德（JohnJ.Hopfield）和杰弗里·辛顿（Geoffrey E. Hinton）。这两位科学家的主要研究方向是（　　　）。

    A. 天体物理　　　　B. 流体力学　　　　C. 人工智能　　　　　　D. 量子力学

10.【2024年12月1级】下列软件中是操作系统的是（　　　）。

    A. 高德地图　　　　B. 腾讯会议　　　　C. 纯血鸿蒙　　　　　　D. 金山永中

11.【2024年9月1级】据有关资料，山东大学于1972年研制成功DJL-1计算机，并于1973年投入运行，其综合性能居当时全国第三位。DJL-1计算机运算控制部分所使用的磁心存储元件由磁心颗粒组成，设计存储周期为2μs（微秒）。那么该磁心存储元件相当于现代计算机的（　　　）。

    A. 内存　　　　　　B. 磁盘　　　　　　C. CPU　　　　　　　　D. 显示器

12.【2024年9月2级】IPv4版本的因特网总共有（　　　）个A类地址网络。

    A. 65000　　　　　B. 200万　　　　　C. 126　　　　　　　　D. 128

13. TCP/IP模型的网络接口层相当于OSI模型的（　　　）。

    A. 物理层　　　　　　　　　　　　　B. 数据链路层

    C. 物理层和数据链路层　　　　　　　D. 网络层

14.【2024年3月2级】中国计算机学会（CCF）在2024年1月27日的颁奖典礼上颁布了王选奖，王选先生的重大贡献是（　　　）。

    A. 制造自动驾驶汽车　　　　　　　　B. 创立培训学校

    C. 发明汉字激光照排系统　　　　　　D. 成立方正公司

15.【2023年12月2级】现代计算机是指电子计算机，它所基于的是（　　　）体系结构。

    A. 艾伦·图灵　　　　　　　　　　　B. 冯·诺依曼

    C. 阿塔纳索夫　　　　　　　　　　　D. 埃克特·莫克利

A.5.2　判断题

16.（　　　）【2024年12月1级】在Windows的资源管理器中为已有文件A建立副本的操作是先按Ctrl+C快捷键，然后按Ctrl+V快捷键。

17.（　　　）【2024年9月1级】小杨最近开始学习C++编程，老师说C++是一门面向对象的编程语言，也是一门高级语言。

GESP 真题

2024 年 9 月一级真题

1 选择题（每题 2 分，共 30 分）

1. 据有关资料，山东大学于 1972 年研制成功 DJL-1 计算机，并于 1973 年投入运行，其综合性能在当时全国排名第三。DJL-1 计算机运算控制部分所使用的磁心存储元件由磁心颗粒组成，设计存储周期为 2μs（微秒）。那么该磁心存储元件相当于现代计算机的（　　）。

    A. 内存　　　　　　　B. 磁盘　　　　　C. CPU　　　　　　D. 显示器

2. C++程序执行出现错误，不太常见的调试手段是（　　　）。

    A. 阅读源代码　　　　　　　　　　B. 单步调试

    C. 输出执行中间结果　　　　　　　D. 跟踪汇编码

3. 在 C++语言中，下列表达式错误的是（　　　）。

    A. cout << "Hello,GESP!" << endl;

    B. cout << 'Hello,GESP!' << endl;

    C. cout << """Hello,GESP!""" << endl;

    D. cout << "Hello,GESP!' << endl;

4. C++表达式 10 - 3 * 2 的值是（　　　）。

    A. 14　　　　　　B. 4　　　　　　C. 1　　　　　　D. 0

5. 在 C++语言中，假设 N 为正整数 10，则 cout << (N / 3 + N % 3)将输出（　　　）。

    A. 6　　　　　　B. 4.3　　　　　C. 4　　　　　　D. 2

6. C++语句 printf("6%2={%d}", 6%2) 执行后的输出是（　　　）。

    A. "6%2={6%2}"　　　　　　　　B. 6%2={6%2}

    C. 0=0　　　　　　　　　　　　　D. 6%2={0}

7. 成功执行下面的 C++代码,先后从键盘上输入 5 并按 Enter 键,然后输入 2 并按 Enter 键,输出是（　　　）。

```
1    cin >> a;
2    cin >> b;
3    cout << a + b;
```

    A. 将输出整数 7

    B. 将输出 52，5 和 2 之间没有空格

    C. 将输出 5 和 2，5 和 2 之间有空格

D. 执行结果不确定，因为代码段没有显示 a 和 b 的数据类型

8. 下面的 C++代码执行后输出是（　　　）。

```
1    int Sum = 0;
2    for(int i = 0; i < 10; i++)
3        Sum += i;
4    cout << Sum;
```

A. 55　　　　　B. 45　　　　　　C. 10　　　　　　D. 9

9. 下面的 C++代码执行后输出的是（　　　）。

```
1    int N = 0;
2    for(int i = 0; i < 10; i++)
3        N += 1;
4    cout << N;
```

A. 55　　　　　B. 45　　　　　　C. 10　　　　　　D. 9

10. 下面的 C++代码执行后输出的是（　　　）。

```
1    int N = 0;
2    for(int i = 1; i < 10; i += 2)
3    {
4        if(i % 2 == 1)
5            continue;
6        N += 1;
7    }
8    cout << N;
```

A. 5　　　　　B. 4　　　　　　C. 2　　　　　　D. 0

11. 下面的 C++代码执行时输入 14+7 后，正确的输出是（　　　）。

```
1    int P;
2    printf("请输入正整数 P：");
3    scanf("%d", &P);
4    if(P % 3 || P % 7)
5        printf("第 5 行代码%d, %d", P % 3, P % 7);
6    else
7        printf("第 7 行代码%2d", P % 3 && P % 7);
```

A. 第 5 行代码 2, 0　　　　　　B. 第 5 行代码 1, 0

C. 第 7 行代码 1　　　　　　　D. 第 7 行代码 0

12. 执行下面的 C++代码后得到的输出是（　　　）。

```
1    int count = 0, i, s;
2    for(i = 0, s = 0 ; i < 20; i++, count++)
3        s += i++;
4    cout << s << " " << count;
```

A. 190 20   B. 95 10   C. 90 19   D. 90 10

13. 下面的 C++代码拟用于计算整数 N 的位数，例如对 123 则输出 123 是 3 位整数，但代码中可能存在问题。下面有关描述正确的是（　　　）。

```
1    int N, N0, rc=0;
2    cout << "请输入整数：";
3    cin >> N;
4    N0 = N;
5    while (N){
6        rc++;
7        N /= 10;
8    }
9    printf("%d 是%d 位整数\n", N, rc); //L9
```

A. 变量 N0 占用额外空间，可以去掉

B. 代码对所有整数都能计算出正确位数

C. L9 标记的代码行简单修改后可以对正整数给出正确输出

D. L9 标记的代码行的输出格式有误

14. 下面的 C++代码用于求连续输入的若干正五位数的百位数之和。例如输入 32488 25731 41232 0，则输出 3 个正五位数的百位数之和为 13。有关描述错误的是（　　　）。

```
1    int M, Sum = 0, rc = 0;
2    cout << "请输入正整数：";
3    cin >> M;
4    while (M){
5        M = (M / 100 % 10); // L5
6        Sum += M;
7        rc++;
8        cin >> M;
9    }
10   cout << rc << "个正五位数的百位数之和为" << Sum;
```

A. 执行代码时如果输入 23221 23453 12345 11111 0，则最后一行 Sum 的值是 10

B. 执行代码时如果输入 2322 2345 1234 1111 0，程序也能运行

C. 将代码标记为 L5 那行代码改为 M = (M % 1000 / 100);，同样能实现题目要求

D. 将代码标记为 L5 那行代码改为 M = (M % 100 / 10);，同样能实现题目要求

15. 如果一个正整数 N 能够表示为 X*(X+1)的形式，这里称它是一个"兄弟数"。例如，输入 6，则输出"6 是一个兄弟数"。下面的 C++代码用来判断 N 是否为一个"兄弟数"，在横线处应填入的代码可从 i) -iv) 中选择，则有几个能完成功能？（　　　）

```
1    int N;
2    cin >> N;
3    for(int i = 0; i <= N; i++)
```

```
4          if(_____)
5              cout << N << "是一个兄弟数\n";
6     i) N==i*(i+1)   ii) N==i*(i-1)   iii) N/(i+1)==i   iv) N/(i-1)==i
```

   A. 1   B. 2   C. 3   D. 4

2 判断题（每题 2 分，共 20 分）

16. （　　）小杨最近开始学习 C++编程，老师说 C++是一门面向对象的编程语言，也是一门高级语言。

17. （　　）在 C++语言中，表达式 10/4 和 10%4 的值相同，都是整数 2，说明/和%可以互相替换。

18. （　　）N 是 C++程序中的整型变量，则语句 scanf("%d", &N)能接收形如正整数、负整数和 0 的输入，但如果输入含字母或带小数点数，将导致无法执行。

19. （　　）下面的 C++代码能够执行，将输出 45。

```
1    for (int i = 0; i < 10; i++)
2        Sum += i;
3    cout << Sum;
```

20. （　　）在 C++代码中整型变量 X 被赋值为 20.24，则 cout << (X++, X+1) / 10 执行后输出的是 2.124。

21. （　　）下面的 C++代码执行后，最后一次输出是 10。

```
1    for (int i = 1; i < 10; i+=3)
2        cout << i << endl;
```

22. （　　）在 C++语言中，break 语句通常与 if 语句配合使用。

23. （　　）在 C++语言中，不可以将变量命名为 five-star，因为变量名中不可以出现-（减号）符号。

24. （　　）在 C++语言中，整型、实数型、字符型、布尔型是不同数据类型，但这 4 种类型的变量间都可以比较大小。

25. （　　）在 C++语言中，定义变量 int a = 5,b = 4,c = 3，则表达式(a < b < c)的值为逻辑假。

3 编程题（每题 25 分，共 50 分）

26. 编程题 1：小杨购物。

【题目描述】小杨有 n 元钱用于购物。商品 A 的单价是 a 元，商品 B 的单价是 b 元。小杨想购买相同数量的商品 A 和商品 B。

请你编写程序，计算小杨最多能够购买多少个商品 A 和商品 B。

【输入格式】输入包含多行：

第一行包含一个正整数 n，代表小杨用于购物的金额。

第二行包含一个正整数 a，代表商品 A 的单价。

第三行包含一个正整数 b，代表商品 B 的单价。

【输出格式】输出一行，包含一个整数，代表小杨最多能够购买的商品 A 和商品 B 的数量。

样例输入 1	样例输出 1
12 1 2	4

样例输入 2	样例输出 2
13 1 2	4

【样例解释】对于样例 1，由于需要购买相同数量的两种商品，因此小杨最多能够购买 4 件商品 A 和 4 件商品 B，共花费 4*1+4*2=12 元。因此，答案为 4。

对于样例 2，由于需要购买相同数量的两种商品，因此小杨最多能够购买 4 件商品 A 和 4 件商品 B，共花费 4*1+4*2=12 元。

如果小杨想购买 5 件商品 A 和 5 件商品 B，则需花费 5*1+5*2=15 元，超过小杨的预算 13 元。因此，答案为 4。

【数据范围】对于所有数据，保证 $1 \leq n$, a, b$\leq 10^5$。

27. 编程题2：美丽数字。

【题目描述】小杨有 n 个正整数，他认为一个正整数是美丽数字，当且仅当该正整数是 9 的倍数，但不是 8 的倍数。

小杨想请你编写一个程序计算 n 个正整数中美丽数字的数量。

【输入格式】第一行包含一个正整数 n，代表正整数个数。

接下来的 n 行，每行一个整数 a_i。

【输出格式】输出一行，包含一个整数，代表美丽数字的数量。

【样例解释】对于样例：

☑ 1 既不是 9 的倍数，也不是 8 的倍数。

☑ 9 是 9 的倍数，不是 8 的倍数。

☑ 72 既是 9 的倍数，也是 8 的倍数。

总共 1 个美丽数字。

样例输入	样例输出
3 1 9 72	1

【数据范围】对于所有数据，保证 $1 \leq n \leq 10^5$，$1 \leq a_i \leq 10^5$。

2024 年 12 月一级真题

1 选择题（每题 2 分，共 30 分）

1. 2024 年 10 月 8 日，诺贝尔物理学奖 "意外地" 颁给了两位计算机科学家约翰·霍普菲尔德（John J. Hopfield）和杰弗里·辛顿（Geoffrey E. Hinton）。这两位科学家的主要研究方向是（   ）。

   A. 天体物理　　　　　　B. 流体力学　　　　　　C. 人工智能　　　　　　D. 量子理论

2. 下列软件中是操作系统的是（   ）。

   A. 高德地图　　　　　　B. 腾讯会议　　　　　　C. 纯血鸿蒙　　　　　　D. 金山永中

3. 下列有关 C++ 代码的说法，正确的是（   ）。

   ```
   printf("Hello,GESP!");
   ```

   A. 配对的双引号内不可以有汉字

   B. 配对的双引号可以相应改为英文单引号，输出效果不变

   C. 配对的双引号可以相应改为三个连续英文单引号，输出效果不变

   D. 配对的双引号可以相应改为三个连续英文双引号，输出效果不变

4. C++ 表达式 12 - 3 * 2 && 2 的值是（   ）。

   A. 0　　　　　　　　　B. 1　　　　　　　　　C. 6　　　　　　　　　D. 9

5. 在 C++ 语言中，假设 N 为正整数 2，则 cout << (N / 3 + N % 3) 将输出（   ）。

   A. 0　　　　　　　　　B. 2　　　　　　　　　C. 3　　　　　　　　　D. 4

6. C++ 语句 cout << 7%3 << '' << "7%3"<< '' << "7%3={7%3}"执行后的输出是（   ）。

   A. 1 1 1=1　　　　　　　　　　　　　　　　B. 1 7%3 1=1

   C. 1 7%3 7%3=1　　　　　　　　　　　　　　D. 1 7%3 7%3={7%3}

7. 下面的 C++ 代码执行后，将求出几天后是星期几。如果是星期日，则输出 "星期天"；否则输出形如 "星期 1"。横线上应填入的代码是（   ）。

   ```
   1   int N, nowDay, afterDays;
   2   cout << "今天星期几? " << endl;
   3   cin >> nowDay;
   4   cout << "求几天后星期几? "<< endl;
   5   cin >> afterDays;
   6   N = nowDay + afterDays;
   7   if(_____)
   8       printf("星期天");
   9   else
   10      printf("星期%d", N % 7);
   ```

A. N % 7 != 0   B. N % 7 == 0   C. N == 0   D. N % 7

8. 下面的 C++代码执行后输出的是 (　　　)。

```
1  int N = 0, i;
2  for (i = 1; i < 10; i++)
3      N += 1;
4  cout << (N + i);
```

A. 54   B. 20   C. 19   D. 18

9. 下面的 C++代码执行后输出的是 (　　　)。

```
1  int tnt = 0;
2  for (int i = 0; i < 100; i++)
3      tnt += i % 10;
4  cout << tnt;
```

A. 4950   B. 5050   C. 450   D. 100

10. 下面的 C++代码执行后输出的是 (　　　)。

```
1  int N = 0, i, tnt = 0;
2  for (i = 5; i < 100; i += 5)
3  {
4      if (i % 2 == 0)
5          continue;
6      tnt += 1;
7      if (i >= 50)
8          break;
9  }
10 cout << tnt;
```

A. 10   B. 9   C. 6   D. 5

11. 下面的程序用于判断输入的整数 N 是否为能被 3 整除的偶数，横线处应填写的代码是 (　　　)。

```
1  int N;
2  cin >> N;
3  if(_____)//在此横线处填写代码
4      cout << "能被 3 整除的偶数" << endl;
5  else
6      cout << "其他情形" << endl;
7  cout << endl
```

A. (N%2)&&(N%3)   B. (N%2==0)&&(N%3)

C. (N%2)&&(N%3==0)   D. (N%2==0)&&(N%3==0)

12. 下面的 C++代码执行后输出的是 (　　　)。

```
1   int cnt;
2   cnt = 0;
3   for(int i = 1; i < 10; i++)
4       cnt += i++;
5   cout << cnt;
6   cout << endl
```

A. 54　　　　　　　　B. 45　　　　　　　　C. 25　　　　　　　　D. 10

13. int 类型变量 a 的值是一个正方形的边长，如下图的正方形的四条边长都为 4，则下列哪条语句执行后能够使得正方形的周长（四条边长的和）增加 4?（　　　　）

A. a*4;　　　　　B. a+4;

C. a+1;　　　　　D. ++a;

样例输出
+ + + + +
+　　　　+
+　　　　+
+　　　　+
+ + + + +

14. C++表达式(6 > 2) * 2 的值是（　　　　）。

A. 1　　　　　　B. 2

C. true　　　　　D. truetrue

15. 下面的 C++代码用于判断输入的整数是否为位增数，即从首位到个位逐渐增大，如果是位增数，则输出 1。例如，123 是一个位增数。下面横线处应填入的是（　　　　）。

```
1   int N, n1, n2;
2   cin >> N;
3   _____;//在此横线处填写代码
4   while(N){
5       n1 = N % 10;
6       if(n1 >= n2)
7       {
8           cout << 0;
9           return 1;
10      }
11      n2 = n1, N /= 10;
12  }
13  cout << 1;
14  cout << endl;
15  return 0;
```

A. n2 = N % 10　　　　　　　　　　B. N /= 10

C. n2 = N / 10, N %= 10　　　　　　D. n2 = N % 10, N /= 10

2 判断题（每题 2 分，共 20 分）

16.（　　）在 Windows 的资源管理器中，为已有文件 A 建立副本的操作是：先按 Ctrl+C 快捷键复制文件，然后按 Ctrl+V 快捷键粘贴文件。

17.（　　）在 C++语言中，表达式 8 / 3 和 8 % 3 的值相同。

18.（　　）X 是 C++语言的基本类型变量，则语句 cin >> X, cout << X 能接收键盘输

入并原样输出。

19. （   ） 下面的 C++ 代码执行后将输出 10。

```
1  int N = 0;
2  for (int i = 0; i < 10; i++){
3      continue;
4      N += 1;
5  }
6  cout << N;
```

20. （   ） 下面的 C++ 代码执行后将输出 100。

```
1  int i;
2  for (i = 0; i <= 100; i++)
3      continue;
4  cout << i;
```

21. （   ） 下面的 C++ 代码被执行时，将执行三次输出（即标记行 L2 将被执行一次）。

```
1  for (int i = 0; i < 10; i += 3)
2      cout << i; //L2
```

22. （   ） C++ 语句 cout <<(3,2) 执行后，将输出 3 和 2，且 3 和 2 之间用逗号分隔。

23. （   ） 在 C++ 代码中，studentName、student_name 以及 sStudentName 都是合法的变量名称。

24. （   ） 在 C++ 语言中，对于浮点变量 float f，则语句 cin >> f; cout << (f < 1);在输入是 2e-1 时，输出是 0。

25. （   ） 在 C++ 的循环体内部，如果 break 和 continue 语句连续在一起，那么作用抵消，可以顺利执行下一次循环。

3 编程题（每题 25 分，共 50 分）

26. 编程题 1：温度转换。

【题目描述】小杨最近学习了开尔文温度、摄氏温度和华氏温度之间的转换。用符号 K 表示开尔文温度，符号 C 表示摄氏温度，符号 F 表示华氏温度。这三者的转换公式为：C=K-273.15；F=C*1.8+32。

现在，小杨想编写一个程序，计算某一开尔文温度对应的摄氏温度和华氏温度，你能帮帮他吗？

【输入格式】输入一行，包含一个实数 K，代表开尔文温度。

【输出格式】输出一行，若输入的开尔文温度对应的华氏温度高于 212，则输出 Temperature is too high!；否则，输出两个由空格分隔的实数 C 和 F，分别表示摄氏温度和华氏温度，并保留两位小数。

样例输入 1	样例输出 1
412.00	Temperature is too high!

样例输入 2	样例输出 2
173.56	-99.59 -147.26

【数据范围】对于所有数据，保证 $0<K<10^5$。

27. 编程题 2：奇数和偶数。

【题目描述】小杨有 n 个正整数，他想知道其中的奇数有多少个，偶数有多少个。

【输入格式】输入包含多行：

第一行包含一个正整数 n，代表正整数的个数。

之后的 n 行，每行包含一个正整数。

【输出格式】输出两个正整数（用英文空格分隔），分别代表奇数的个数和偶数的个数。如果奇数或偶数的个数为 0，则对应输出为 0。

样例输入	样例输出
5 1 2 3 4 5	3 2

【数据范围】对于所有数据，保证 $1\leqslant n\leqslant 10^5$，且正整数大小不超过 10^5。

2024 年 9 月二级真题

1 选择题（每题 2 分，共 30 分）

1. 据有关资料，山东大学于 1972 年研制成功 DJL-1 计算机，并于 1973 年投入运行，其综合性能居当时全国第三位。DJL-1 计算机运算控制部分所使用的磁心存储元件由磁心颗粒组成，设计存储周期为 2μs（微秒）。那么该磁心存储元件相当于现代计算机的（　　）。

    A. 内存　　　　　　B. 磁盘　　　　　　C. CPU　　　　　　D. 显示器

2. IPv4 版本的因特网总共有多少个 A 类地址网络？（　　）

    A. 65000　　　　　B. 200 万　　　　　C. 126　　　　　　D. 128

3. 在 C++ 语言中，下列不可做变量的是（　　）。

    A. ccf-gesp　　　　B. ccf_gesp　　　　C. ccfGesp　　　　D._ccfGesp

4. 在 C++ 语言中，与 for(int i = 1; i < 10; i++) 效果相同的是？（　　）

    A. for(int i = 0; i < 10; i++)　　　　　B. for(int i = 0; i < 11; i++)

    C. for(int i = 1; i < 10; ++i)　　　　　D. for(int i = 0; i < 11; ++i)

5. 在 C++ 语言中，cout << (5 / 2 + 5 % 3) 的输出是（　　）。

    A. 1　　　　　　　B. 2　　　　　　　C. 4　　　　　　　D. 5

6. 假定变量 a 和 b 可能是整型、字符型或浮点型，则下面的 C++ 代码执行时先后输入 -2 和 3.14 后，其输出不可能是（已知字符 '+'、'-'、'=' 的 ASCII 码值分别是 43、45 和 61）（　　）。

```
1    cin >> a;
2    cin >> b;
3    cout << (a + b);
```

    A. 1　　　　　　　B. 1.14　　　　　　C. 47　　　　　　　D. 将触发异常

7. 在 C++ 代码中，假设 N 为正整数，则下面的代码能获得个位数的是（　　）。

    A. N % 10　　　　　　　　　　　B. N / 10

    C. N && 10　　　　　　　　　　 D. 以上选项均不正确

8. 下面的 C++ 代码执行后的输出是（　　）。

```
1    int i;
2    for(i = 0; i < 10; i++)
3    {
4      if(i % 2)
5          break;
6      cout << "0#";
7    }
8    if(i == 10)
```

```
9      cout << "1#";
```

A. 0#   B. 1#   C. 0#0#1   D. 没有输出

9. 执行下面的 C++代码并输入 1 和 0，有关说法正确的是 (　　　)。

```
1      int a, b;
2      cin >> a >> b;
3      if(a && b)
4        cout << ("1");
5      else if(!(a || b))
6        cout << ("2");
7      else if (a || b)
8        cout << ("3");
9      else
10       cout << ("4");
```

A. 1   B. 2   C. 3   D. 4

10. 下面的 C++代码执行后的输出是 (　　　)。

```
1      int loopCount = 0;
2      for(int i = 1; i < 5; i += 2)
3        loopCount += 1;
4      cout << (loopCount);
```

A. 1   B. 2   C. 3   D. 5

11. 下图是 C++程序执行后的输出。为实现其功能，横线处应填入的代码是 (　　　)。

```
1      int lineNum;
2      cin >> lineNum;
3      for(int i = 1; i < lineNum + 1; i++)
4      {
5        for(int _____)
6          cout << j << " ";
7        cout << endl;
8      }
```

样例输入	样例输出
7	1
	2 3
	3 4 5
	4 5 6 7
	5 6 7 8 9
	6 7 8 9 10 11
	7 8 9 10 11 12 13

A. j = i; j < i; j++   B. j = 1; j < i; j++

C. j = i; j < i * 2; j++   D. j = i + 1; j < i + i; j++

12. 下面的 C++代码执行后输出逆序数。如输入 123，则输出 321；如输入 120，则输出 21。横线处先后应填入的代码是 (　　　)。

```
1      int N;
2      cin >> N;
3      int rst = 0;
4      while(N){
5        _____;
```

```
6        _____ ;
7    }
8    cout << (rst);
```

A. rst = rst * 10 + N % 10   N = N / 10

B. rst += N % 10   N = N / 10

C. rst = rst * 10 + N / 10   N = N % 10

D. rst += N / 10   N = N % 10

13. 下面的 C++代码用于输入学生成绩，并根据人数计算平均成绩，有关说法错误的是（　　）。

```
1    float Sum = 0; //保存总成绩
2    int cnt = 0; //保存学生人数
3    while(1){
4        int score;
5        cin >> score;
6        if(score < 0)
7            break;
8        cnt += 1;
9        Sum += score;
10   }
11   cout << "总学生数: " << cnt << "平均分: " << Sum / cnt;
```

A. 代码 while(1)写法错误

B. 如果输入负数，将结束输入并正确输出

C. 如果输入的学生成绩包含小数，则程序将无法正常执行

D. 变量 int score 初始值不确定，但不影响程序执行

14. 以下 C++代码用于判断输入的正整数是否为质数。如果该数字是质数，则输出 YES；否则输出 NO。质数是指仅能被 1 和它本身整除的正整数。横线处应填入的代码是（　　）。

```
1    int num, i;
2    cin >> num;
3    for(int i = 2; i < num; i++)
4        if(_____)
5        {
6            cout << ("NO");
7            break;
8        }
9    if(i == num)
10       cout << ("YES");
```

A. num % i   B. num % i == 0   C. num / i   D. num / i == 0

15. 一个数如果能被某个数（例如 7）整除，或者包含该数，则称该数是某个数的相关数。下面的 C++代码用于判定输入的数与 7 是否相关。下列说法错误的是（　　）。

```
1    int N, M;
2    bool Flag = false;
3    cin >> N;
4    M = N;
5    if (M % 7 == 0)
6        Flag = true;
7    while (!Flag && M){
8        if (M % 10 == 7){
9            Flag = true;
10           break;
11       }
12       M /= 10;
13   }
14   if(Flag)
15       cout << N << "与7有关";
16   else
17       cout << N << "与7无关";
```

A. 删除 break 语句不会导致死循环，但有时会导致结果错误

B. 删除 M /= 10 将可能导致死循环

C. 删除 M = N 并将其后代码中的 M 变量改为 N，并调整输出同样能完成相关功能

D. 删除 break 语句不会导致死循环，但有时会影响效率

2 判断题（每题 2 分，共 20 分）

16. （   ）小杨最近开始学习 C++编程，老师说 C++是一门面向对象的编程语言，也是一门高级语言。

17. （   ）在 C++语言中，cout << (3, 4, 5)可以输出 3 4 5，且每个输出项之间用空格分开。

18. （   ）C++语言表达式 12 % 10 % 10 的值为 2。

19. （   ）C++语句 cout << rand() << ' ' << rand();的第二个输出值较大。

20. （   ）定义 C++的 int 类型的变量 ch，而且值为'1'，则语句 cout << int(ch);的输出为 1。

21. （   ）下面的 C++代码执行后将输出 10。

```
1    int i;
2    for (i = 0; i < 10; i++)
3        continue;
4    if(i == 10)
5        cout << i;
```

22. （   ）下面的 C++代码能求整数 N 和 M 之间所有整数之和，包含 N 和 M。

```
1    int N, M, Sum;
2    cin >> N >> M;
```

```
3      if (N > M) {
4        int tmp = N;
5        N = M, M = tmp;
6      }
7      for (int i = N; i < M + 1; i++)
8        Sum += i;
9      cout << Sum;
```

23. (　　) 将下面的 C++代码中的 L2 标记的代码行调整为 for(int i = 0; i < 5; i++)后，输出结果相同。

```
1      int loopCount = 0;
2      for (int i = 1; i < 5; i++)  // L2
3        for (int j = 0; j < i; j++)
4          loopCount += 1;
5      cout << loopCount;
```

24. (　　) 某一系列数据的规律是从第 3 个数值开始，每个数等于前两个数之和。下面的代码用于求第 N 个数的值，N 限定为大于 2。

```
1      int start1;  // 第 1 个数
2      int start2;  // 第 2 个数
3      int N;   // 求 N 个数的值
4      int tmp;
5      cin >> start1 >> start2 >> N;
6      for (int i = 2; i < N; i++) {
7        tmp = start1 + start2;
8        start1 = start2;
9        start2 = tmp;
10     }
11     cout << start2;
```

25. (　　) 下面的 C++代码执行时如果输入 2024，则输出是 4202。

```
1      int N, flag = 0;
2      cin >> N;
3      while (N) {
4        if (!flag)
5            cout << N % 10;
6        N /= 10;
7        flag = (flag + 1) % 2;
8      }
```

3 编程题（每题 25 分，共 50 分）

26. 编程题 1：数位之和。

【题目描述】小理有 n 个正整数, 他认为一个正整数是美丽数字, 当且仅当该正整数的每一位数字的总和是 7 的倍数。

小理想请你编写一个程序, 判断这 n 个正整数中哪些是美丽数字。

【输入格式】第一行包含一个正整数 n, 代表正整数的个数。

之后 n 行, 每行包含一个正整数 a_i。

【输出格式】对于每个正整数, 如果是美丽数字, 则输出 Yes, 否则输出 No。

样例输入	样例输出
3	Yes
7	Yes
52	No
103	

【样例解释】7 的各位数字之和是 7, 是 7 的倍数, 输出 Yes。

52 的各位数字之和为 5+2=7, 是 7 的倍数, 输出 Yes。

103 的各位数字之和为 1+0+3=4, 不是 7 的倍数, 输出 No。

【数据范围】对于所有数据, 保证 $1 \leq n \leq 10^5$, $1 \leq a_i \leq 10^5$。

27. 编程题 2: 小理的矩阵。

【题目描述】小理想要构造一个 m×m 的 N 字矩阵 (m 为奇数), 这个矩阵的从左上角到右下角的对角线、第 1 列和第 m 列都是半角加号+, 其余都是半角减号-。

例如, 一个 5×5 的 N 字矩阵如下:

```
+---+
++--+
+-+-+
+--++
+---+
```

样例输入	样例输出
5	+---+
	++--+
	+-+-+
	+--++
	+---+

请你帮小理根据给定的 m 打印出对应的 N 字矩阵。

【输入格式】第一行包含一个正整数 m。

【输出格式】输出对应的 N 字矩阵。

【数据范围】对于所有数据, 保证 $3 \leq m \leq 49$, 且 m 为奇数。

2024 年 12 月二级真题

1 选择题（每题 2 分，共 30 分）

1. 2024 年 10 月 8 日，诺贝尔物理学奖"意外地"颁给了两位计算机科学家约翰·霍普菲尔德（John J. Hopfield）和杰弗里·辛顿（Geoffrey E. Hinton）。这两位科学家的主要研究方向是（   ）。

    A. 天体物理   B. 流体力学   C. 人工智能   D. 量子理论

2. 计算机系统中存储的基本单位用 B 表示，它代表的是什么？例如，某张照片的大小为 3MB（   ）。

    A. Byte   B. Block   C. Bulk   D. Bit

3. C++语句cout << (3 + 3 % 3 * 2 - 1)执行后输出的值是（   ）。

    A. -1   B. 4   C. 56   D. 2

4. 下面的 C++代码执行后输出的是（   ）。

```
1  for (int i = 0; i < 10; i++)
2      printf("%d", i);
```

    A. 123456789   B. 0123456789

    C. 12345678910   D. 012345678910

5. 下面 C++代码的相关说法中，正确的是（   ）。

```
1  int tnt;
2  for (int i = 0; i < 10; i++)
3      tnt += i;
4  cout << tnt;
```

    A. 上述代码执行后将输出相当于求 1~10 的和（包含 10）

    B. 上述代码执行后将输出相当于求 1~10 的和（不包含 10）

    C. 上述代码执行后将输出相当于求 0~10 的和（不包含 10）

    D. 上述代码执行后将输出不确定的值

6. 下面的 C++代码执行后输出的是（   ）。

```
1  int i;
2  for (i = 1; i < 10; i++)
3      if (i % 2)
4          continue;
5      else
6          break;
7  cout << i;
```

A. 1   B. 2   C. 9   D. 10

7. 下面的 C++代码执行后的输出是（   ）。

```
1  int i;
2  for (i = 0; i < 10; i++){
3      if (i % 3)
4          continue;
5      printf("0#");
6  }
7  if(i >= 10)
8      printf("1#");
```

  A. 0#0#0#0#0#0#0#1#   B. 0#0#0#0#0#0#1#

  C. 0#0#0#0#1#   D. 0#0#0#0#

8. 下面的 C++代码用于输出 0～100（包含 100）的能被 7 整除但不能被 3 整除的数，横线处不能填入的代码是（   ）。

```
1  for (i = 0; i <= 100; i++)
2      if(_____)//横线处填入代码
3          cout << i << endl;
```

  A. i % 7 == 0 && i % 3 != 0   B. !(i % 7) && i % 3 != 0

  C. i % 7 && i % 3   D. i % 7 == 0 && !(i % 3 == 0)

9. 下面的 C++代码用于求正整数各位数字之和，横线处不应填入的代码是（   ）。

```
1  int tnt, N;
2  printf("请输入正整数：");
3  cin >> N;
4  tnt = 0;
5  while (N != 0){
6      _____;//在此横线处填入代码
7      N /= 10;
8  }
9  cout << tnt;
```

  A. tnt = tnt + N % 10   B. tnt += N % 10

  C. tnt = N % 10 + tnt   D. tnt = N % 10

10. 下面的 C++程序执行后输出的是（   ）。

```
1  for (int i = 0; i < 5; i++)
2      for (int j = 0; j < i; j++)
3          cout << j;
```

  A. 0010120123   B. 01012012301234

  C. 001012012301234   D. 01012012301234012345

11. 下面的 C++ 代码用于实现图示的九九乘法表。相关说法错误的是（　　　）。

样例输出
1*1=1
1*2=2 2*2=4
1*3=3 2*3=6 3*3=9
1*4=4 2*4=8 3*4=12 4*4=16
1*5=5 2*5=10 3*5=15 4*5=20 5*5=25
1*6=6 2*6=12 3*6=18 4*6=24 5*6=30 6*6=36
1*7=7 2*7=14 3*7=21 4*7=28 5*7=35 6*7=42 7*7=49
1*8=8 2*8=16 3*8=24 4*8=32 5*8=40 6*8=48 7*8=56 8*8=64
1*9=9 2*9=18 3*9=27 4*9=36 5*9=45 6*9=54 7*9=63 8*9=72 9*9=81

```
1  for (int Hang = 1; Hang < 10; Hang++){
2      for (int Lie = 1; Lie < Hang+1; Lie++){
3          if (Lie * Hang > 9)
4              printf("%d*%d=%d ", Lie, Hang, Lie*Hang);
5          else
6              printf("%d*%d=%d  ", Lie, Hang, Lie*Hang);
7          // L2
8      }
9      printf("\n"); // L1
10 }
```

    A. 将 L1 注释的 printf("\n") 移动到 L2 注释所在行，效果相同

    B. 将 L1 注释的 printf("\n") 修改为 printf("%c", '\n')，效果相同

    C. 将 Lie * Hang > 9 修改为 Lie * Hang >= 10，效果相同

    D. 将 Lie * Hang > 9 修改为 Hang * Lie > 9，效果相同

12. 在数学中，N! 表示 N 的阶乘，即 1～N 的乘积，如 3!=1*2*3。下面的 C++ 代码用于计算 1～N 的阶乘之和，如果 N 为 3，则结果为 1!+2!+3!。下面的代码段补充选项后用于实现上述功能，其中不能实现阶乘和的选项是（　　　）。

```
1  int N, tnt = 0, nowNum = 1; //tnt 保存求和之值，当前 N 的阶乘
2  cin >> N;
3  for (int i = 1; i < N + 1; i++){
4      _____ // 基于上一个数计算当前数的阶乘
5      _____ // 从 1 到 i 每个数阶乘之和
6  }
7  cout << tnt;
```

    A. nowNum *= i;   tnt += nowNum;

    B. nowNum = nowNum * i;   tnt = tnt + nowNum;

    C. nowNum *= i;   tnt = nowNum + tnt;

    D. nowNum = nowNum + i;   tnt *= nowNum;

13. 下面的 C++ 代码用于输出 N 和 M 之间（可以包括 N 和 M）的孪生素数。孪生素数

是指间隔为 2 的两个数均为素数，如 11 和 13 都是素数，且间隔为 2。isPrime(N)是用于判断 N 是否为素数的函数。为完成上述功能，横线处应填上的代码是（　　　）。

```
1  int N, M;
2  //本题假设 N 小于 M
3  cin >> N >> M;
4  for (int i = N; i < _____; i++)
5      if (isPrime(i) && isPrime(i + 2))
6          printf("%d %d\n",i, i + 2);
```

A.M-2 　　　　　　 B.M-1 　　　　　　 C.M 　　　　　　 D.M+1

14. 下面的 C++代码实现输出如下图形，横线应填入的代码是（　　　）。

```
1  int height;
2  cout << "高度: ";
3  //获取用户输入的高度
4  cin >> height;
5  for (i = 0; i < height; i++){
6      //打印每行前面的空格
7      for (j = 0; j < _____; j++)
8          cout << " ";
9      //打印每行的星号
10     for (k = 0; k < _____; k++)
11         cout << "*";
12     //输出一行后，换行
13     cout << endl;
14  }
```

样例输入	样例输出
5	*
	***
	*****
	*******
	*********

A. height – i 　　　 2 * I 　　　　　　 B. height 　　　　　　 2 * i

C. height – i 　　　 2 * i + 1 　　　　 D. height - i – 1 　　 2 * i + 1

15. 下面的 C++代码执行后的输出是 30，则横线处不能填入（　　　）。

```
1  int a = 10, b = 20, c = 30;
2  cout << _____ << endl;
3  cout << endl;
```

A. max(max(a, b), c) 　　　　　　 B. min(a+b, c)

C. sqrt(a+b+c) 　　　　　　　　　 D. (a+b+c)/2

2 判断题（每题 2 分，共 20 分）

16. （　　　）在 Windows 的资源管理器中为已有文件 A 建立副本的操作是按 Ctrl+C 快捷键复制文件，然后按 Ctrl+V 快捷键粘贴文件。

17. （　　　）在 C++代码中，假设 N 为正整数，则 cout << (N - N / 10 * 10)将获得 N 的个位数。

18. (　　　) 在 C++语句 cout << (10 <= N <= 12)中，假设 N 为 12，则其输出为 1。

19. (　　　) 如果 C++表达式 int(sqrt(N))*int(sqrt(N)) == N 的值为 true，则说明 N 为完全平方数，如 4、9、25 等。

20. (　　　) 下面的 C++代码执行后将输出 2*3=6。

```
1  int a = 2, b = 3;
2  printf("%%a*%%b=%d",a*b);
```

21. (　　　) 以下 C++代码因为循环变量为_将导致错误，即_不能作为变量名称，不符合 C++变量命名规范。

```
1  for (int _ = 0; _ < 10; _++)
2      continue;
```

22. (　　　) 下面的 C++代码执行后，由于存在 break，将输出 0。

```
1  int i;
2  for (i = 0; i < 10; i++){
3      continue;
4      break;
5  }
6  cout << i;
```

23. (　　　) 下面的 C++代码执行后将输出 18 行 OK。

```
1  int i, j;
2  for (i = 8; i > 2; i -= 2)
3      for (j = 0; j < i; j++)
4          printf("OK\n");
```

24. (　　　) 将下面的 C++代码中的 i = 1 调整为 i = 0 的输出结果相同。

```
1  int i;
2  int cnt = 0;
3  for (i = 1; i < 5; i++)
4      if(i % 2) cnt += 1;
5  cout << cnt;
```

25. (　　　) 下面两段 C++代码均用于计算 1~10 的和，它们的运行结果相同。通常 for 循环可以用 while 循环来实现。

```
1      int tnt;
2      int i;
3      tnt = 0;
4      for (i = 1; i < 10 + 1; i++)
5          tnt += i;
6      cout << tnt << endl;
```

```
1    int tnt;
2    int i;
3    tnt = 0;
4    i = 1;
5    while (i <= 10){
6        tnt += i;
7        i += 1;
8    }
9    cout << tnt << endl;
```

3 编程题（每题 25 分，共 50 分）

26. 编程题1：寻找数字。

【题目描述】小杨有一个正整数 a，小杨想知道是否存在一个正整数 b 满足 $a=b^4$。

【输入格式】输入包含多组：

第一行包含一个正整数 t，代表测试数据组数。

对于每组测试数据，第一行包含一个正整数 a。

【输出格式】对于每组测试数据，如果存在满足条件的正整数 b，则输出 b；否则输出-1。

【数据范围】对于所有数据，保证 $1 \leq t \leq 10^5$，$1 \leq a \leq 10^8$。

样例输入	样例输出
3	2
16	3
81	-1
10	

27. 编程题2：数位和。

【题目描述】小杨有 n 个正整数，他想知道这些正整数的数位和中最大值是多少。

"数位和"指的是一个数字中所有数位相加的和。

例如：对于数字 12345，它的各个数位分别是 1，2，3，4，5。将这些数位相加，得到 1+2+3+4+5=15。因此，12345 的数位和是 15。

【输入格式】输入包含多行：

第一行，包含一个正整数 n，代表正整数个数。

接下来的 n 行，每行包含一个正整数。

【输出格式】输出这些正整数的数位和的最大值。

【数据范围】对于所有数据，保证 $1 \leq n \leq 10^5$，且每个正整数不超过 10^{12}。

样例输入	样例输出
3	9
16	
81	
10	

GESP 模拟题

GESP 一级模拟卷 1

1 选择题（每题 2 分，共 30 分）

1. 计算机语言可以分为三大类。下列选项中，哪个选项对计算机语言的分类是不正确的？（　　）
   - A. 机器语言
   - B. 汇编语言
   - C. 代码语言
   - D. 高级语言

2. 计算机发展史可以大致分为以下 4 个阶段，下列选项中，正确的顺序是（　　）。
   - A. 晶体管时代→电子管时代→集成电路时代→超大规模集成电路时代
   - B. 晶体管时代→集成电路时代→超大规模集成电路时代→电子管时代
   - C. 电子管时代→集成电路时代→电子管时代→超大规模集成电路时代
   - D. 电子管时代→晶体管时代→集成电路时代→超大规模集成电路时代

3. 在 C++ 语言中，以下选项可以作为变量的名称的是（　　）。
   - A. CCF_GESP
   - B. CCF-GESP-25
   - C. 25_CCF_GESP
   - D. CCF GESP

4. C++ 表达式 (42 - 3 * 2) / 10 的值为（　　）。
   - A. 3.6
   - B. 3
   - C. 7.8
   - D. 8

5. 在 C++ 语言中，对于 float 类型变量 f，将其赋值为 f = 3.1415，若想输出 f 的值并保留两位小数，则下列正确的输出方式为（　　）。
   - A. printf("%f", f);
   - B. printf("%d", f);
   - C. printf("%.2f", f);
   - D. printf("%2f", f);

6. 在 C++ 语言中，定义一个 int 类型变量 a，代表正方形的边长，则不能求出正方形面积的表达式为（　　）。
   - A. a ^ 2
   - B. a * a / a * a
   - C. a * a * a / a
   - D. a*a

7. 下面的 C++ 代码的运行结果是（　　）。

```
1    int cnt = 0;
2    for(int i = 0; i < 20; i--)
3        if(i % 2 == 0)
4        {
```

```
5           cnt += 1;
6           i += 3;
7       }
8    cout << cnt;
```

    A. 7   B. 8   C. 9   D. 10

8. 下面的 C++代码的运行结果是 (　　　)。

```
1    int x = 2;
2    switch (x) {
3        case 1: cout << "1";
4        case 2: cout << "2";
5        case 3: cout << "3"; break;
6        case 4: cout << "4";
7        case 5: cout << "5"; break;
8        default:
9            cout << "end"; break;
```

    A. 2   B. 23   C. 234   D. 2345

9. 下面的 C++代码执行后，若输入-2，则输出的正确结果是 (　　　)。

```
1    int x;
2    cin >> x;
3    if(x == 0)
4        cout << "x 不等于 0" << endl;
5    else if(x > 0)
6        cout << "x 小于 0"  << endl;
7    else
8        cout << "x 大于 0" << endl;
```

    A. x 不等于 0   B. x 小于 0   C. x 大于 0   D. 无法编译

10. 下面的 C++代码，正确的输出为 (　　　)。

```
1    int cnt1 = 0, cnt2 = 0;
2    for (int i = 0; i < 10; i++)
3    {
4      if(i % 2 == 0)
5         cnt1 += i;
6      else
7        {
8          continue;
9          cnt2 += i;
10       }
11   }
12   cout << cnt1 << " " << cnt2;
```

A. 20 0　　　　　　　B. 20 25　　　　　　　C. 5 0　　　　　　　　D. 5 25

11. 下面的 C++代码编译运行后，正确的输出为（　　　　）。

```
1    int sum = 0;
2    int n = 10;
3    do{
4        sum += n - 1;
5    }while(n--);
6    cout << sum << endl;
```

　　　A. 55　　　　　　　B. 50　　　　　　　C. 45　　　　　　　D. 44

12. 对于 int a = 0，b = 1，以下哪个表达式的结果为假？（　　　　）

　　　A. a − b　　　　　　　　　　　　　B. a || b

　　　C. !a == 0 || b > 1　　　　　　　D. !a == 1 || b < 1

13. 下列代码中，要使输出的结果为 0#21#42#，则应在横线处填入（　　　　）。

```
1    for(int i = 0; i < 50; i++)
2    {
3        if(_____)//在此处填入代码
4            cout << i << '#';
5    }
```

　　　A. i % 3 == 0 && i % 7 == 0　　　　B. i % 3 == 0 || i % 7 == 0

　　　C. i / 3 == 0 && i / 7 == 0　　　　D. i / 3 == 0 || i / 7 == 0

14. 对于下面的 C++程序，运行后输出的结果为 4 6，则横线上应填入（　　　　）。

```
1    int a = 5, b = 12;
2    a = a * b + b;
3    b = _____;//在此横线处填写代码
4    a = b % 5;
5    b = a % b + 2;
6    cout << a << ' ' << b << endl;
```

　　　A. a / 6　　　　　　　B. a / 3　　　　　　　C. a / 4　　　　　　　D. a / 12

15. 下面的 C++代码执行后的输出结果为（　　　　）。

```
1    int n = 5;
2    if(n > 3)
3        cout << "larger than 3 ";
4    if(n < 8)
5        cout << "less than 8 ";
```

　　　A. larger than 3　　　　　　　　B. less than 8

　　　C. larger than 3 less than 8　　　　D. less than 8 larger than 3

2 判断题（每题 2 分，共 20 分）

16. （　　）在下面两段代码中，1 和 2 中的 if 语句作用相同。

```
1    //1
2    for(int i = 0; i < 100; i++)
3        if(i % 2)
4        //其他语句相同
```

```
1    //2
2    for(int i = 0 ; i < 100; i++)
3        if(i % 2 == 1)
4        //其他语句相同
```

17. （　　）在 C++语言中，算术运算符包括：+、-、*、/、%、++、--。

18. （　　）在 C++语言中，不可以将变量命名为 25_GESP，是因为变量名中不能包含_（下画线）。

19. （　　）对于下面的代码，循环执行最后一次的输出结果为 95。

```
1    for(int i = 3; i < 100; i += 5)
2    {
3      cout << i << endl;
4    }
```

20. （　　）定义 int 型变量 x 的初始值为 3，算术表达式 x++ + ++x 的值为 9。

21. （　　）在 C++语言中，for 循环、while 循环和 do-while 循环可以相互转化。

22. （　　）在 C++语言中，表达式('1' + 5) == 6 为真。

23. （　　）当 do-while 循环与 while 循环的循环条件一致时，do-while 循环的循环体一定会比 while 循环的循环体多执行一次。

24. （　　）在 C++语言中，只有 1 代表真（true），0 代表假（false）。

25. （　　）下面两段代码的效果一样。

```
1    int a;
2    cin >> a;
3    if(a > 0)
4      cout << "1";
5    else
6      cout << "2";
```

```
1    int a;
2    cin >> a;
3    if(a > 0)
4      cout << "1";
5    if(a < 0)
```

```
6        cout << "2";
```

3 编程题（每题 25 分，共 50 分）

26. 编程题 1：奇数偶数之和。

【题目描述】小理在学习了如何判断奇数和偶数之后，他想知道在 n 个数字中，奇数的和、偶数的和分别为多少。

请你编写程序，帮助小理解决这个问题。

【输入格式】第一行输入一个正整数 n，代表共有 n 个数字；

第二行输入 n 个正整数，x_1, x_2, ..., x_n，代表每一个数字的大小。

【输出格式】输出分为两行：

第一行输出一个整数，代表所有奇数的和。

第二行输出一个整数，代表所有偶数的和。

【样例输入与输出】

样例输入 1	样例输出 1
5	9
1 2 3 4 5	6

样例输入 2	样例输出 2
10	353
11 23 25 14 55 63 74 85 91 100	188

样例 1 解释：所有奇数的和为 1+3+5=9，所有偶数的和为 2+4=6。

样例 2 解释：所有奇数的和为 11+23+25+55+63+85+91=353，所有偶数的和为 14+74+100=188。

【数据范围】对于所有数据，保证 $1 \leq n \leq 100$，$0 \leq x_i \leq 200$。

27. 编程题 1：优雅的数。

【题目描述】小理对数字的模样十分考究，他认为一个数若是"优雅"的数，则满足各个位上的数字均比个位的数字小。

现在，小理给你一个数，请你判断这个数是否为"优雅"的数。

如果为"优雅"的数，请你输出 YES；否则，请你输出 NO。

【输入格式】输入一个正整数 n，代表小理给你的数字。

【输出格式】若正整数 n 为"优雅"的数，输出 YES；否则，输出 NO。

【样例输入与输出】

样例输入 1	样例输出 1
123456789	YES

样例输入 2	样例输出 2
987654321	NO

样例 1 解释：个位数字为 9，比其他各个位上的数字都大，是"优雅"的数，输出 YES。

样例 2 解释：个位数字为 1，不满足比其他各个位上的数字都大，不是"优雅"的数，输出 NO。

【数据范围】对于所有数据，保证 $10 \leq n \leq 10^9$。

GESP 一级模拟卷 2

1 选择题（每题 2 分，共 30 分）

1. 下列对于变量命名的说法，正确的是（   ）。

A. 变量名可以包含数字、字母，不能包含下画线

B. 变量名可以包含数字、字母、下画线，数字可以在开头

C. 变量名可以包含数字、字母、下画线，数字不可以在开头

D. 变量名可以包含数字、字母、下画线，可以是 C++关键字

2. 在 Dev-C++中，对于一个已经编写好的 C++源文件，想要生成一个可执行程序，并执行它，则应该选择哪个功能？（   ）

A. 编辑   B. 编辑运行

C. 编译   D. 编译运行

3. 对于一个整型变量 a，以下选项中不符合 C++语法的是（   ）。

A. a = int 3.14   B. a = (int)3.14

C. a = int(3.14)   D. a = (int)(3.14)

4. 表达式(3 * 5 % 8) / 2 - 3 的计算结果为（   ）。

A. 0   B. 1   C. 2   D. 3

5. 在 C++语言中，假设 int 类型变量 N 为 20，则 cout << N - N % 3;将输出（   ）。

A. 14   B. 18   C. 16   D. 0

6. 对于下面的 C++代码，正确的输出应该是（   ）。

```
1    int N = 10, sum = 0;
2    for(int i = 1; i < N; i++)
3    {
4      sum += i;
5      N--;
6    }
7    cout << sum << endl;
```

A. 25   B. 35   C. 15   D. 45

7. 对于下面的 C++代码，运行后输入 24，则正确的输出应该是（   ）。

```
1    int N;
2    cin >> N;
3    if(N % 2 == 0)
4        N += 1;
5    if(N % 2)
6        N /= 2;
```

```
7    cout << N % 4;
```

  A. 0   B. 1   C. 2   D. 3

8. 对于下面的 C++ 代码，正确的输出结果应该为（   ）。

```
1    int n = 5;
2    int result = 0;
3    for (int i = 1; i <= n; ++i)
4    {
5        if (i % 2 == 0)
6            result += i * 2;
7        else
8            result -= i;
9    }
10   cout << "result=" << result << endl;
```

  A. result=2   B. result=3   C. result=5   D. result=9

9. 对于下面的 C++ 代码，执行后输入 N 的值为 10，则输出的结果为（   ）。

```
1    int N, sum = 0;
2    cin >> N;
3    for(int i = 0; i <= N; i++){
4        if(i % 2 || i % 3)
5            sum += i;
6        else
7            continue;
8    }
9    cout << sum << endl;
```

  A. 42   B. 45   C. 49   D. 55

10. 对于下面的 C++ 代码，执行后输入 N 的值为 10，则输出的结果为（   ）。

```
1    int N, sum = 0;
2    cin >> N;
3    for(int i = 0; i <= N; i++)
4    {
5        if(N % 3)
6            sum += i;
7    }
8    cout << sum << endl;
```

  A. 42   B. 45   C. 49   D. 55

11. 下列表达式中，当表达式为真时，能确定 int 类型变量 N 的值为 10 的是（   ）。

  A. N % 2 == 0 && N % 5 == 0   B. N > 9 && N < 11

  C. N > 9 || N < 11   D. N % 2 == 0 || N % 5 == 0

12. 当 int 类型变量 a 和 b 的值分别为 5 和 10 时，表达式(a > b) || (a < b && a != 0)的结果为（　　）。

    A. false   B. true

    C. 编译错误   D. 运行错误

13. 执行 cout << "result= " << 10 + 3 * 2 - 8 / 3;后输出的结果为（　　）。

    A. result=11   B. result=14

    C. result= 11   D. result= 14

14. 在下面的 C++代码中，要使程序的输出是 2 0 1 2 0 1 2 0，则应在横线处填入（　　）。

```
1    for(_____){//在此横线处填入代码
2        cout <<  i % 3 << " ";
```

    A. int i = 2; i <= 9; i++   B. int i = 1; i < 9; i += 1

    C. int i = 2; i <= 9; i+1   D. int i = 1; i < 9; ++i

15. 执行下面的 C++代码，正确的输出结果为（　　）。

```
1    int N = 0;
2    do{
3      if(N == 0)
4        cout << "start:";
5      else
6        cout << N << " ";
7      N++;
8    }while(N <= 5);
```

    A. start:0 1 2 3 4 5   B. start:0 1 2 3 4

    C. start:1 2 3 4   D. start:1 2 3 4 5

2 判断题（每题 2 分，共 20 分）

16. （　　）表达式20 - 15 % 8 / 3的值为17。

17. （　　）C++语言是一门高级程序设计语言。

18. （　　）break是一个控制流语句，它用于中断当前的循环或者跳出switch语句，可以和for循环、while循环配合使用，但不能使用在do-while循环中。

19. （　　）continue语句用于跳过当前循环的剩余部分，并立即开始下一次循环的迭代。

20. （　　）在C++语言中，int类型变量a的值为10，b的值为4，则执行cout << "%d and %d" << a / b << a % b;输出结果为2 and 2。

21. （　　）在C++语言中，float类型的精度要比double类型的精度高。

22. （　　）表达式(10 + 5) / 2的结果是7.5。

23. （　　）逻辑表达式false || true与true && false的结果相同。

24. （　　）在C++语言中，变量flag为bool类型，则表达式!!flag与flag的结果相同。

25. (　　) 在C++语言中，变量的命名可以以数字开头。

3 编程题（每题 25 分，共 50 分）

26. 编程题 1：你能看见菜单吗?

【题目描述】小理在餐厅点菜时发现了一个现象：排队点餐的队伍中，如果前面有比他高的人，那么这个人就看不见菜单。也就是说，当一个人前面有比他高的人时，他就无法看到菜单。小理想知道，在由 n 个人组成的队伍中，有多少人看不见菜单。

【输入格式】输入共两行：

第一行包含一个整数 n，表示队伍中的人数。

第二行包含 n 个整数 a_1, a_2, ..., a_n，表示每个人的身高。

【输出格式】输出共一行，包含一个整数，表示看不见菜单的人数。

【样例输入与输出】

样例输入 1	样例输出 1		样例输入 2	样例输出 2
5 1 4 2 5 3	2		8 3 2 1 4 5 8 6 7	4

样例 1 解释：在该队伍中，只有身高为 2 和 3 的人看不见菜单，共 2 人。

样例 2 解释：在该队伍中，身高为 2、1、6 和 7 的人看不见菜单，共 4 人。

【数据范围】

对于全部数据，保证 $1 \leq n \leq 100$，$1 \leq a_i \leq 100$。

27. 编程题 2：数字 k 的个数

【题目描述】小理是一个热爱数学的孩子，他对数字 k 情有独钟。他在纸上写下一个整数 n，然后开始数其中出现的数字 k 的次数。请你编写程序帮助小理解决这个问题。

【输入格式】输入一行，包含两个整数 n 和 k。

【输出格式】输出一行，包含一个整数，表示整数 n 中数字 k 出现的次数。

【样例输入与输出】

样例输入 1	样例输出 1		样例输入 2	样例输出 2
21 1	1		12211 1	3

样例 1 解释：当 n=21，k=1 时，数字 1 出现了 1 次。

样例 2 解释：当 n=12211，k=1 时，数字 1 出现了 3 次。

【数据范围】对于全部数据，保证 $1 \leq n \leq 10^9$，$0 \leq k \leq 9$。

GESP 二级模拟卷 1

1 选择题（每题 2 分，共 30 分）

1. 下列关于计算机硬件的描述中，哪一项是不正确的（　　）。

   A. CPU（中央处理器）是计算机的大脑，负责解释和执行指令

   B. 内存（RAM）是计算机的短期记忆，用于存储当前正在使用的数据和程序

   C. 硬盘（HDD）是计算机的长期记忆，用于存储操作系统、程序和用户数据

   D. 硬盘（HDD）的读写速度通常比内存（RAM）快

2. 能够实现下面流程图的伪代码是（　　）。

   A. if 条件判断 then 什么也不做

   B. if 条件判断 then 语句块

   C. do 语句块 while 条件判断

   D. while 条件判断 do 语句块

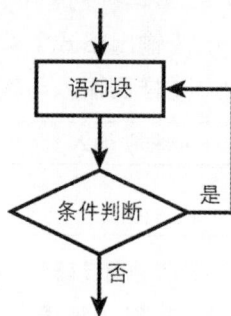

3. 下列选项中，不能用于表示循环结构的 C++保留字的是（　　）。

   A. break　　　　　B. for　　　　C. while　　　D. do-while

4. 在 C++语言中，与下面代码段中循环的功能不同的是（　　）。

```
1  int i;
2  for(i = 0; i < 10; i++)
3      cout << i << " ";
```

   A.
```
1  int i = 0;
2  do{
3      cout << i++ << " ";
4  }while(i < 10);
```

   B.
```
1  int i = -1;
2  do{
3      cout << ++i << " ";
4  }while(i < 9);
```

   C.
```
1  int i = 0;
2  while(i < 10)
3  {
4      cout << i++ << " ";
5  }
```

   D.
```
1  int i = 0;
2  while(i < 10)
3  {
4      cout << ++i << " ";
5  }
```

5. 执行下面的 C++代码，下列说法正确的是（　　）。

```
1  int a, b;
2  cin >> a >> b;
3  if(a && !b)
4      cout << "1";
5  else if(!(a && b))
6      cout << "2";
```

```
7    else if(!a || !b)
8        cout << "3";
9    else
10       cout << "4";
```

A. 依次输入 0 和 0，输出结果为 3   B. 依次输入 0 和 1，输出结果为 2

C. 依次输入 1 和 0，输出结果为 4   D. 依次输入 1 和 1，输出结果为 1

6. 如果想打印下面的图形，则横线处应该填写（   ）。

```
1  int n = 7;
2  int cur = 0;
3  for(int i = 0; i < n; i++)
4  {
5      for(_____)//在此横线处填写代码
6      {
7          cout << char('A' + cur++ % 26);
8      }
9      cout << endl;
10 }
```

样例输出
ABCDEFG
HIJKLM
NOPQR
STUV
WXY
ZA
B

A. int j = 0; j < n - i; j++   B. int j = 0; j < n; j++

C. int j = 0; j < n - i - 1; j++   D. int j = 0; j < n - 1; j++

7. 下面的代码段用于判断输入的整数 N 是否为质数，则在横线处应填写（   ）。

```
1  int N;
2  cin >> N;
3  int cnt = 0;
4  for(int i = 1; i <= N; i++)
5  {
6      if(N % i == 0)
7          _____;//在此横线处填写代码
8  }
9  if(cnt == 2)
10     cout << N << "是质数" << endl;
11 else
12     cout << N << "不是质数" << endl;
```

A. cnt = 2   B. cnt++   C. cnt = true   D. cnt = false

8. C++表达式(char)('A' + 35) 的结果（'A'的 ASCII 值为 65，'a'的 ASCII 值为 97）是
（   ）。

A. 字符'D'   B. 整数 100   C. 字符'd'   D. 字符'c'

9. 下面的 C++代码段的正确输出结果是（   ）。

```
1  int n = 20;
2  int cnt = 0;
3  for(int i = 0; i < n; i++)
```

```
4         for(int j = 0; j < n; j++)
5             if(i == j && i * j % 2)
6                 cnt++;
7  cout << cnt;
```

    A. 20   B. 19   C. 10   D. 9

10. 下面的代码段的输出结果为 (　　)。

```
1  int n = 10;
2  int cnt = 0;
3  for (int i = n; i > 0; i--)
4      for (int j = 0; j < i; j++)
5          if(i == 5 && j == 0)
6              break;
7          else
8              cnt++;
9  cout << cnt;
```

    A. 45   B. 40   C. 55   D. 50

11. 下面的代码想实现对于输入的整数 N, 计算 N 是个几位数, 则在横线处应填写 (　　)。

```
1  int N;
2  cin >> N;
3  int cnt = 0;
4  while(N > 0)
5  {
6      cnt++;
7      _____;//在此横线处填写代码
8  }
9  cout << cnt;
```

    A. N /= 10   B. N / 10   C. N %= 10   D. N % 10

12. C++语句 cout << min(max(abs(-8), 7), 10);的结果为 (　　)。

    A. -8   B. 7   C. 8   D. 10

13. 对于 double 类型的变量 a, 执行 C++表达式 a = 9.99 - 1.0 / 4;的结果为 (　　)。

    A. 9.74   B. 9.64   C. 9.99   D. 2.2475

14. 下面的 C++代码段的输出结果为 (　　)。

```
1  int n = 10;
2  int i;
3  for (i = 0; i < n; i++)
4      for (i = 3; i < n; i++)
5          cout << i << " ";
```

    A. 0 1 2 3 4 5 6 7 8 9 10   B. 3 4 5 6 7 8

    C. 3 4 5 6 7 8 9 10   D. 3 4 5 6 7 8 9

15. 下面的 C++代码用于判断整数 N 是否为素数，则选项中说法不正确的是（　　　）。

```cpp
1   int n;
2   cin >> n;
3   bool flag = true;
4   for (int i = 2; i < n; i++)
5   {
6       if(n % i == 0)
7       {
8           flag = false;
9           break;
10      }
11  }
12  if(flag)
13      cout << n << "是质数";
14  else
15      cout << n << "不是质数";
```

A. for 循环的循环条件可以改为 i <= n

B. for 循环的循环条件可以改为 i <= sqrt(n)

C. 可以删去 if 语句中的 break 语句

D. 第 14 行的 else 可以改为 if(!flag)

2 判断题（每题 2 分，共 20 分）

16. （　　　）在 C++语言中，变量名可以为任意数字、字母、下画线构成的名称。

17. （　　　）对于 bool 类型变量 a 和 b，表达式!(a && b)等价于!a || !b。

18. （　　　）在 C++语言中，for(; ;)等价于 while(1)。

19. （　　　）C++语言中，'a' + 'z' - 'Z'的结果为'A'。

20. （　　　）C++语言中，int(5.5) + double(4.5)的结果为 10。

21. （　　　）下面的代码可以实现判断整数 N 的每一位数字中有多少个是 3 的倍数。

```cpp
1   int N;
2   cin >> N;
3   int cnt = 0;
4   while(N > 0)
5   {
6     if(N % 10 == 3)
7         cnt++;
8     N /= 10;
9   }
10  cout << cnt;
```

22. （　　　）下面的 C++代码的输出结果为 31。

```
1   int n = 5;
2   while(n--)
3   {
4     if(n % 2)
5       cout << n << " ";
6   }
```

23. （   ）在 C++ 语言中，变量不可以命名为 printf，因为 printf 是 C++ 的关键字。

24. （   ）下面的 C++ 代码的输出结果为 15。

```
1   int cnt = 0;
2   for (int i = 0; i < 10; i++)
3       for (int j = 5; j < i + 5; j++)
4           if(i * j % 2)
5               cnt++;
6   cout << cnt;
```

25. （   ）由于 do-while 循环会比 while 循环先执行一次循环体，故 do-while 循环不能转换为 while 循环。

3 编程题（每题 25 分，共 50 分）

26. 编程题 1：小理的 M 字矩阵。

【题目描述】小理想要构造一个 N×（2N-1）的 M 字矩阵（N 为奇数且 5≤N≤30）。这个矩阵的第一列、从第一列的左上角到最后一行中间列的对角线、从最后一行中间列到第 2N-1 列的右上角的对角线以及最后一列都是半角*号，其余位置都是-号。

一个 5×9 的 M 字矩阵如下：

```
*-------*
**-----**
*-*---*-*
*--*-*--*
*---*---*
```

【输入格式】输入一行，一个正整数 N（N 为奇数且 5≤N≤30）。

【输出格式】输出 N×（2N-1）的 M 字矩阵的图形。

【样例输入与输出】

样例输入 1	样例输出 1

5	```*-------*```
	```**-----**```
	```*-*---*-*```
	```*--*-*--*```
	```*---*---*```

样例输入 2	样例输出 2

7	```*-----------*```
	```**---------**```
	```*-*-------*-*```
	```*--*-----*--*```
	```*---*---*---*```
	```*----*-*----*```
	```*-----*-----*```

【数据范围】对于全部数据，保证 $5 \leqslant N \leqslant 30$ 且 N 为奇数。

27. 编程题 2：回文数字。

【题目描述】小理非常喜欢回文数字。所谓回文数字，是指将这个数字反转后得到的新数字与原来的数字相等。现在小理给你 n 个数字，请你判断这 n 个数字中的每一个是不是回文数。如果是，则输出 Yes；否则，输出 No。

【输入格式】输入包含多行：

第一行，一个正整数 n，代表小理给了你 n 个数字等待判断。

接下来的 n 行，每行一个数字 a_i。

【输出格式】对于输入的每个 a_i，判断其是否为回文数。若是，则输出 Yes；否则，输出 No。

【样例输入与输出】

【数据范围】对于全部数据，保证 $1 \leqslant n \leqslant 100$，$1 \leqslant a_i \leqslant 10^9$。

样例输入	样例输出
5	No
123	No
345	Yes
12321	Yes
3443	No
998	

GESP 二级模拟卷 2

1 选择题（每题 2 分，共 30 分）

1. 下列 C++变量名中，不合法的是（   ）。

   A. zhili-edu   B. zhili_edu   C. zhiliedu   D. zhili123

2. 阅读下面的流程图，输出的结果为（   ）。

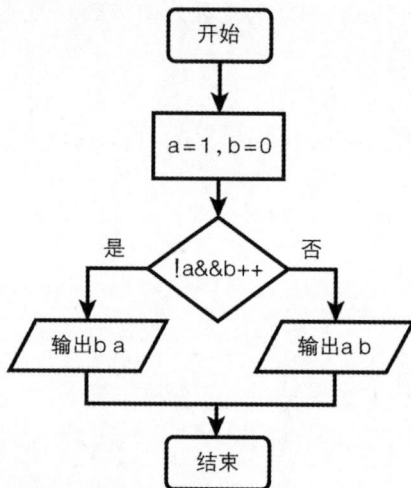

   A. true true   B. true false   C. -1 0   D. -1 1

3. 想实现下面的图形，则在横线处应填入（   ）。

```
1    int n = 5;
2    for(int i = 0; i < n; i++)
3    {
4        for(_____)//在此横线处填写代码
5            cout << '#';
6        cout << '=';
7    }
```

样例输入
=#=##=###=####=

   A. int j = 0; j <= i; j++   B. int j = 0; j < i; j++

   C. int j = 1; j < i; j++   D. int j = 1; j < i; j++

4. 下面的代码用于判断输入的 n 是否为质数，则在横线处应填入（   ）。

```
1    bool _____;//在此横线处填写代码
2    int n;
3    cin >> n;
4    for(int i = 2; i < n; i++)
5    {
```

```
6        if(n % i == 0)
7        {
8            flag = false;
9            break;
10       }
11   }
12   if(flag)
13       cout << "质数";
14   else
15       cout << "非质数";
```

A. flag = false　　　B. flag = true　　　C. flag　　　D. flag = 0

5. 下面的 C++代码的输出结果为（　　　）。

```
1    int n = 10;
2    int cnt = 0;
3    for(int i = 0; i < n; i++)
4    {
5        for(int j = 0; j <= i; j++)
6        {
7            if(j % i == 0)
8                cnt++;
9        }
10   }
11   cout << cnt;
```

A. 18　　　　　　　B. 17　　　　　　C. 16　　　　　D. 结果无法输出

6. 下面的 C++代码的输出结果为（　　　）。

```
1    int n = 10;
2    int cnt = 0;
3    for(int i = 0; i < n; i++)
4    {
5        for(int j = 1; j <= i; j++)
6        {
7            if(i % j == 0)
8                cnt++;
9        }
10   }
11   cout << cnt;
```

A. 18　　　　　　　B. 20　　　　　　C. 22　　　　D. 23

7. 下面的代码用于判断输入的 n 的奇偶性，则在横线处应填入（　　　）。

```
1    int n;
2    cin >> n;
```

```
3    switch(n % 2)
4    {
5            _____;//在此横线处填写代码
6            _____;//在此横线处填写代码
7    }
```

A. case 0: cout << "偶数" << endl

   case 1: cout << "奇数" << endl;break

B. case 0: cout << "偶数" << endl;break

   case 1: cout << "奇数" << endl;break

C. case 1: cout << "偶数" << endl

   case 0: cout << "奇数" << endl

D. case 1: cout << "偶数" << endl;break

   case 0: cout << "奇数" << endl;break

8. C++语句 cout << (5 % 2 && !0);的结果为 (   )。

A. 1   B. 0   C. true   D. false

9. 下面的 C++程序段的输出结果为 (   )。

```
1    int i, j, k;
2    for (i = 0, j = 10, k = 0; i <= j; i++, j -= 3, k = i + j);
3        cout << k;
```

A. 086   B. 085   C. 4   D. 3

10. 下面的 C++代码的输出结果为 (   )。

```
1    char ch = 'A';
2    for(int i = 0; i < 10; i += 2)
3        cout << ch + i << " ";
```

A. A B C D E F G H I J   B. 65 66 67 68 69 70 71 72 73 74

C. A B C D E   D. 65 67 69 71 73

11. 执行 C++表达式 int ans = sqrt(max(min(-3, 4), 9));后，ans 的结果为 (   )。

A. 2   B. 3   C. 1732   D. 8

12. 下面的程序实现了判断输入年份 year 是否为闰年。下列说法错误的是 (   )。

```
1    int year;
2    cin >> year;
3    if(year % 4 == 0 && year % 100 != 0 || year % 400 == 0)
4        cout << "是闰年" << endl;
5    else
6        cout << "不是闰年" << endl;
```

A. 若输入：2000，则输出：不是闰年

B. 若输入：1999，则输出：不是闰年

    C. 若输入：1900，则输出：不是闰年

    D. 若输入：2004，则输出：是闰年

13. 下面的代码用于判断输入的正整数 n 中奇数与偶数的个数，横线处应填写（   ）。

```
1    int odd = 0, even = 0;
2    int n;
3    cin >> n;
4    while(n > 0)
5    {
6        if(_____)//在此横线处填写代码
7            odd++;
8        else
9            even++;
10       n /= 10;
11   }
12   cout << "奇数位个数：" << odd << endl;
13   cout << "偶数位个数：" << even << endl;
```

    A. n % 2 == 1   B. n % 10 / 2

    C. n % 10 % 2   D. n / 10 % 2

14. 对于下面的 C++代码段，说法正确的是（   ）。

```
1    int a, b;
2    cin >> a >> b;
3    if(a++ && !b)
4        cout << "1" << endl;
5    else if(!a && b)
6        cout << "2" << endl;
7    else if(a || !b)
8        cout << "3" << endl;
9    else
10       cout << "4" << endl;
```

    A. 输入 0 0，输出 1   B. 输入 0 1，输出 3

    C. 输入 1 0，输出 4   D. 输入 1 1，输出 2

15. 以下哪个选项不是 C++的关键字？（   ）

    A. do   B. cin   C. return   D. continue

2 判断题（每题 2 分，共 20 分）

16. （   ）在 C++语言中，x1y，xy1，1xy 都是合法的变量名。

17. （   ）表达式 int(3.5) + int('0')的值为 3。

18. （   ）在 C++语言中，对于相同循环条件的 do-while 和 while 循环，do-while 和 while 循环执行次数一定相同。

19. （　　　） 在循环初始值和循环步进语句相同的情况下，for(; i < n;)与 while(i < n)执行次数相同。

20. （　　　） 对于一个三位数 n，C++表达式 n % 100 / 10 等价于 n / 10 % 10。

21. （　　　） 在 C++语言中，char 类型的变量可以存储任何字符。

22. （　　　） C++表达式 int(3.14) + 1.0 / 3 的结果为 float 类型。

23. （　　　） 对于下列 C++代码段，我们认为这是一个死循环。

```
1    int n = 0;
2    while(n = 1)
3        n++;
```

24. （　　　） 对于下列 C++代码段，输出结果为 4。

```
1    int b = 3;
2    cout << (b + 1, b++, ++b);
```

25. （　　　） C++中的 break 语句只能用在循环或 switch 语句中。

3 编程题（每题 25 分，共 50 分）

26. 编程题 1：斐波那契数列。

【题目描述】斐波那契数列是指一个数列：数列的第一个和第二个数都为 1，接下来每个数都等于前面两个数之和。例如：1, 1, 2, 3, 5, 8...

现在，小理想知道第 n 个数字是多少。请你根据小理给定的 n，计算出斐波那契数列第 n 个数字的大小。

【输入格式】输入包含多行：

第一行包含一个正整数 T，代表总共需要求 T 次第 n 个数的大小。

接下来 T 行，每行包含一个正整数 n，代表要求第 n 个数的大小。

【输出格式】输出包含多行：

对于每个正整数 n，输出一行，包含一个整数，代表第 n 个数的值。

样例输入 1	样例输出 1
3 1 5 9	1 5 34

样例输入 2	样例输出 2
5 7 8 15 30 40	13 21 610 832040 102334155

样例 1 解释：在斐波那契数列中，第 1 个数为 1，第 5 个数为 5，第 9 个数为 34。

【数据范围】对于全部数据，保证 $1 \leq T \leq 100$，$1 \leq n \leq 46$。

27. 编程题 2：回文质数。

【题目描述】小理学习了如何判断一个数是否为质数之后，又学习了如何判断一个数是回文数。

质数：一个数的因子若只包含1和它本身，那么这个数就是质数。

回文数：如果将一个数反转后，得到的新数字与原数相等，那么这个数就是回文数。

现在，小理想知道在给定的区间[a,b]内（包括 a 和 b），有哪些回文质数。请你输出每一个回文质数。

【输入格式】输入一行，包含两个整数 a 和 b（约定 $1 \leq a \leq b \leq 10^8$），代表给定的区间范围。

【输出格式】输出包含多行：

对于每一行，输出一个该区间内的回文质数（从小到大）。

【样例输入与输出】

样例输入 1	样例输出 1
5 200	5
	7
	11
	101
	131
	151
	181
	191

样例输入 2	样例输出 2
200 500	313
	353
	373
	383

样例 1 解释：在区间[5, 200]内，满足既是回文数又是质数的数有：5,7,11,101,131,151,181,191。

【数据范围】对于全部数据，保证 $1 \leq a \leq b \leq 10^8$。

参考答案与解析

第 2 章

2.3 练习题答案及解析

2.3.1 选择题

1. A【解析】计算机的发展历史分为 4 个时代：电子管时代→晶体管时代→集成电路时代→超大规模集成电路时代。

2. C【解析】显示器属于计算机输出设备。

3. A【解析】CPU（中央处理器）是计算机的核心部件，主要作用是处理各种指令和数据，完成各种复杂的计算任务和协调整个计算机系统的运行。

4. B【解析】内存是临时存储数据的设备。A 选项，硬盘是长期存储数据的设备；C 选项，显示器是输出设备；D 选项，键盘是输入设备。

5. A【解析】内存的读写速度远远高于硬盘。

6. C【解析】编译是将高级编程语言转换为低级机器语言。

7. D【解析】计算机程序必须按照编写的代码执行。

8. A【解析】后缀名为.txt 的文件是纯文本文件。B 选项是可执行程序文件；C 选项是 C++代码文件；D 选项是图片文件。

9. B【解析】在 Windows 系统中，C 语言代码编译生成后的可执行文件后缀名为.exe。

10. C【解析】本题考查计算机基础知识中的存储设备，内存是一种存储设备。

11. C【解析】在 Dev-C++中，要生成一个可执行程序，需要进行编译。编译过程将源代码转换为机器可执行的目标代码。

12. B【解析】ENIAC 的主要部件为电子管。

13. A【解析】题干强调磁心元件为计算机运算控制部分的存储元件，计算机中内存用于暂时存放 CPU 中的运算数据，以及与硬盘等外部存储器交换的数据，故该元件属于内存。

2.3.2 判断题

14. 错误【解析】Dev-C++不是一个操作系统，而是一个集成开发环境。

15. 正确【解析】本题考查 C++语言知识，C++是一门高级程序设计语言。

第 3 章

3.4 练习题答案及解析

3.4.1 选择题

1. B【解析】主函数是程序首先执行的函数。

2. B【解析】#include 是文件包含指令，用于引用对应的头文件（如 cstdio）。

3. A【解析】B 选项是返回语句；C 选项输出为 AbC，与要求格式不同；D 选项是引用 cstdio 头文件。

4. B【解析】格式字符串中换行符为\n；A 选项没有换行符，不会分两行输出；C 选项在双引号内按 Enter 键不能实现换行输出；D 选项两个单词的首字母大写，与要求的输出内容不符。

5. A【解析】计算机中，表示存储大小的基本单位为"字节"，英文为 Byte，用于表示一个字节存储空间大小的单位，用大写字母 B 表示。

3.4.2 判断题

6. 错误【解析】\n 是一个转义字符，表示的意思是换行。

7. 错误【解析】语句结束的标志是分号（;）。

8. 正确【解析】代码中的括号和分号均为英文符号。

3.4.3 填空题

9.（1）cstdio（2）printf（3）;（4）0;【解析】（1）使用 printf()输出函数需要包含头文件<cstdio>；（2）输出使用 printf()函数；（3）语句结束必须加分

号（;）（4）程序结束时需要 return 0;。

10. 复合语句【解析】花括号括住的部分是一个程序块，也称为复合语句。

11. 分号【解析】语句结束以分号作为结尾。如果没写分号，在下一行的位置会报错。

第 4 章

4.3　练习题答案及解析

4.3.1　选择题

1. C【解析】变量在使用前需要定义。

2. D【解析】D 选项不是一个完整的变量定义语句，是一个赋值语句。

3. D【解析】A 选项没有定义变量 y；B 选项没有加分号；C 选项没有定义变量 x。

4. D【解析】在主函数内，没有初始化的变量的初始值是随机值。

5. C【解析】A 选项不是定义语句，是赋值语句；B 选项仅定义变量 num，没有初始化；D 选项没有写分号，不是语句。

6. C【解析】一条语句能够定义多个变量。

7. B【解析】x=5 是赋值语句，赋值语句将左侧的变量变成右侧的值。

8. D【解析】第一步定义了 a 的值为 2，c 未初始化；第二步 c 被赋值为 1，第三步 a 被赋值为 3，第四步 c 的值为 a+c，即 1+3=4。

9. C【解析】本题考查 C++语言中变量的定义与使用。变量在定义时可以不初始化，变量名必须是合法的标识符，且变量被赋值后其类型不变，因此 A、B、D 均不符合题意；选项 C，变量必须定义后才能使用，没有定义变量直接使用会导致编译错误。

10. A【解析】长方形的周长公式为：（长+宽）×2 或 长×2+宽×2 或 4条边相加；选项 A 根据运算规则，先算乘法，后算加法，并不能正确计算长方形的周长，所以本题正确答案为 A。

4.3.2　判断题

11. 错误【解析】x=34;将 34 赋值给 x，x=x+1;表示 x 值再加 1，即为 35。

12. 正确【解析】一个定义语句可以定义多个变量，但是变量不能重名。

13. 错误【解析】本题考查计算机的编程环境。注释信息是写在代码中方便程序阅读者理解代码的。注释信息会在编译过程中被去掉，不会产生机器指令，因此不会影响程序运行速度，所以本题错误。

14. 错误【解析】本题主要考查变量的定义与使用。a 为 int 类型的变量，执行 a=a+3 会使 a 的值在原值的基础上增加 3，不会导致 a 无意义。因此，本题错误。

第 5 章

5.4　练习题答案及解析

5.4.1　选择题

1. B【解析】printf()双引号中没有占位符的时候，可以没有值列表。

2. A【解析】B 选项少一个占位符；C 选项没有分号；D 选项多一个取地址符。

3. A【解析】B 选项程序输出 6；C 选项程序输出 x=5；D 选项程序输出 5。

4. C【解析】C 选项输出为 34 56，中间有空格。

5. B【解析】A 选项没有分号；C 选项格式字符串描述输入中两数用-隔开；D 选项地址列表中没有用取地址符。

6. C【解析】A 选项地址列表缺少取地址符；B 选项用-分隔,而不是空格;D 选项是将 1 存入变量 k。

7. C【解析】执行 printf("%%");会输出百分号字符本身。格式字符串中"%d"为 5%2 的计算结果。

5.4.2　判断题

8. 正确【解析】x=x+3;先计算 x+3，再将计算结果赋值给 x。

9. 错误【解析】变量在使用前必须先定义。

10. 错误【解析】值列表中可以是算术表达式、字面值、常量等。

11. 正确【解析】只有地址列表的每个地址都接收到数值后，程序才会继续执行。

12. 正确【解析】如果变量没有赋初值，那么它的值是随机数。

13. 正确【解析】在 C++中，printf()函数是用于格式化输出的，%d 用于指定输出整数，#和&是普通字符，会直接输出。因此，printf("%d#%d&", 2, 3); 将输出 2#3&。

14. 错误【解析】在 C++语言中，scanf()函数并不一定需要包含参数。scanf()函数的参数是可选的，可以根据需要选择是否传递参数。此外，scanf()函数的参数通常是格式控制字符串，指定要读取的输入类型和格式，而不是用于提示输入的字符串。因此，该函数的功能是读取输入，而不是提供提示内容。

15. 错误【解析】题目中输出 5*2，格式字符串仅表示格式，不参与代码执行。

5.4.3 填空题

16. printf("%d\n%d", a, b);【解析】int 类型的占位符是%d，两个变量用两个占位符。输出两行需要在中间加上换行符\n。

17. "%d", &a 和 a + 1【解析】使用一个变量将输入的值存起来，再将变量的值加 1，进行输出。1 处应填写"%d"，&a，2 处应填写 a + 1。

第 6 章

6.4 练习题答案及解析

6.4.1 选择题

1. A【解析】B 选项是 float；C 选项是 int；D 选项是 long long。

2. B【解析】long long 用于存储长整型，它能存储的整数范围更大。

3. B【解析】A 选项因为变量 a 是 double 类型，5 会自动转为浮点数；C 选项浮点数有精度，超过精度范围的小数不能准确表示；D 选项%lf 也是浮点数的占位符。

4. C【解析】%.3lf 是 double 占位符，四舍五入保留 3 位小数。

5. A【解析】变量名可以包含大小写字母、数字、下画线。

6. D【解析】A 选项不能有中文；B 选项不能以数字开头；C 选项符号只能是下画线，不能有其他符号。

7. D【解析】A、B、C 选项都是 C++保留的关键字，不可以用作变量名。D 选项可用作变量名。

8. B【解析】本题考查 C++语言中变量的定义与使用；根据变量的命名规则：1.只能包含大小写字母、数字、下画线；2.必须以大小写字母或者下画线开头；3.不能使用 C++的指令或关键字。选项 B 为 0x321，以数字开头，违反变量的命名规则。

9. D【解析】输入输出的 cin 和 cout 都是 C++的内置对象，而不是关键字。cout 和 cin 分别是 ostream 和 istream 类的对象，由标准库开发者预定义，可以直接使用。这种在 C++语言中提前创建好的对象称为内置对象。

10. A【解析】选项 B，不能用数字开头，错误。选项 C，用了除下画线以外的符号，错误。选项 D，break 为 C++语言的关键字，用于打断循环，错误。

11. C【解析】a 在第二次赋值后变为 101，a+1 的计算结果为 102，%.0f 需要将浮点数的小数部分四舍五入。

12. A【解析】C++的变量命名只能由字母、数字、下画线组成，并且数字不能作为开头。

13. B【解析】本题考查 C++知识，cout 不是关键字，是一个类的对象。

6.4.2 判断题

14. 正确【解析】6.2 在 C++语言中默认为 double 类型，使用%lf 占位符。

15. 错误【解析】double 类型表示更精确，范围更大。

16. 正确【解析】如果整数的大小超出了 int 的范围，可以使用表示范围更大的 long long 类型。

17. 正确【解析】变量名不能是 C++关键字。float、int 等变量类型都是 C++关键字。

18. 错误【解析】变量名不能以数字开头。

19. 错误【解析】本题考查 C++知识，cout 不是关键字，而是一个定义在标准库中的全局对象，用于输出流。

20. 错误【解析】C++语言中不可以使用关键字作为变量名，这样会导致编译错误。scanf 是可以作为变量名的，但是使用 scanf 作为变量名是不好的实践，因为它会与标准库函数的名称冲突。

21. 错误【解析】在 C++语言中，3.0 和 3 在值上是相等的，但它们的数据类型不同。3 是整数类型，而 3.0 是浮点数类型。整数和浮点数在内存中占用的存储空间通常是不同的，因为它们的表示方式和精度要求不同。

22. 正确【解析】 在 C++ 语言中，cin 是 C++ 标准库中预定义的输入流对象，用于从标准输入设备（通常是键盘）读取数据。但在不同的作用域内可以作为有效的标识符，因此，cin 能作为变量名在程序中定义。

23. 正确【解析】 变量命名时需要满足：首位字符不能是数字；变量名只能由大小写字母、数字和下画线（_）组成；变量名不能是 C++ 中的关键字。

24. 错误【解析】 本题考查 C++ 基础知识，小数默认是 double 类型。

25. 正确【解析】 本题考查变量的定义与使用；在 C++ 语言中，变量名是区分大小写的，因此 Xyz, xYz, xyZ 是 3 个不同的变量。

第 7 章

7.3 练习题答案及解析

7.3.1 选择题

1. D【解析】 D 选项模运算只能用于两个整数之间。

2. D【解析】 9 整除 5 的余数为 4，故选 D。

3. C【解析】 表达式为 x=x/2 的简写，9 整除 2 商为 4。

4. A【解析】 a+0.0, a*1.0, b*1.0 后除数或被除数会转换为浮点数参与运算，结果是除法运算的结果；A 选项除数和被除数都是整数，结果为整除运算的商。

5. A【解析】 算术运算的运算顺序是先算圆括号，再算乘除余，最后算加减。B 选项结果为 1；C 选项结果为 1；D 选项结果为 1。

6. B【解析】 执行后目标为 a=20, b=30，故需要交换 a, b 两变量。采用三变量法，temp 作为中间变量。横线处将 b 中的值装入 a 中。

7. D【解析】 本题考查 C++ 基本运算；a*=3 相当于 a=a*3，a 的值一开始为 6，由于 6*3=18，会将这个结果再赋给 a，a 的值变为 18，所以本题正确答案为 D。

8. D【解析】 尝试由结果反推。已知在第 8 行，输出 "20 10"，因此此时 a 为 20，b 为 10。第 7 行对 a 赋值后得到的就是第 8 行中 a 的值 20，可知第 7 行语句执行前 a 除以 100 的余数为 20。由于第 7 行未改变 b 的值，第 6 行对 b 赋值后得到的就是第 8 行中 b 的值 10，可知第 6 行语句执行前 a 除以 100 的商为 10。由于第 6 行未改变 a 的值，综合第 7 行得到的线索，可知第 6 行语句执行前，a 应为 1020。第 5 行语句执行前，a 为 10、b 为 20。在 4 个选项中，只有选项 D 的表达式的计算结果为 1020。所以本题正确答案为 D。

9. C【解析】 尝试由结果反推。在第 8 行，输出为 "20 10"，因此此时 a 为 20、b 为 10。第 7 行对 a 赋值后得到的就是第 8 行中 a 的值 20，而且 b 的值不变，可知第 7 行语句执行前 a、b 分别为 -10、10。同理，第 6 行对 b 赋值后得到的就是第 8 行中 b 的值 10，而且 a 的值不变，可知第 6 行语句执行前 a、b 分别为 -10、20。第 5 行语句对 a 赋值后，a 的值应为 -10。第 5 行语句执行前，a 为 10、b 为 20。因此，在 4 个选项中，只有选项 C 的表达式的计算结果为 -10。所以本题正确答案为 C。

10. B【解析】 printf() 函数中，格式化字符串中的格式控制符 %d 用于表示将要插入的整数，而实际插入的整数为 a+1，即 2。因此，最终输出应该是 a+1=2，其中没有额外的空格。

11. B【解析】 算式乘、除、取模运算优先级一致且比加、减运算优先级高，所以题目表达式先算 3 * 2，结果为 6，再算 10 - 6，结果为 4。

12. C【解析】 在 C++ 语言中，如果被除数和除数均为整数类型，那么除法运算的结果将会舍去余数，仅保留整数部分的商；% 为取模操作，在 C++ 中取模和取余功能一致。题目中 N 为整数 10，除数 3 也为整数，所以 N/3 结果为 3。N%3 结果为 1。最后算式为 3+1，结果为 4。

13. B【解析】 题目要求计算最少货币数量，所以我们应该让面值大的货币尽可能多，这样我们才能得到最少数量。由第 4 行中的 M5=N/5 得知，变量 M5 求的是 5 元货币的数量。因此推测变量 M2 与 M1 分别对应 2 元货币的数量、1 元货币的数量。在得到 5 元货币的数量为 M5 后，我们可知剩余的货币价值为 N-M5*5，那么 2 元货币对应的数量即为(N-M5*5)/2。在知道5元和2元货币的数量后，我们即可求得1元货币的数量，即为 N-M5*5-M2*2。因此正确答案选择B选项。

7.3.2 判断题

14. 错误【解析】5 和 2 均为整型，计算结果也为整型，结果为 2。5.0 为浮点型，计算结果自动转为浮点型，结果为 2.5。

15. 正确【解析】5*1.0 的结果是 5.0，5.0/2 的结果是 2.5，是 double 类型，使用占位符%lf进行格式化输出。

16. 正确【解析】x%17 的结果为 0，说明余数是 0，那么 x 可以被 17 整除，即 x 是 17 的倍数。

17. 错误【解析】x%2 的结果为 0，说明余数为 0，那么 x 可以被 2 整除，即 x 是 2 的倍数，这类数我们称为偶数。

18. 正确【解析】变量进行+、-、*、/运算后再赋值给它本身，可以简写为+=、-=、*=、/=。

19. 错误【解析】除法和取模是不同的功能运算，不能相互替换。

20. 正确【解析】本题考查算术运算符；表达式-7/2 会发生整除，得到的结果为-3。

7.3.3 填空题

21. 2.5【解析】根据运算优先级，先算括号内的内容。括号里先算34%5=4，再算1+4=5，最后算5/2.0=2.5。

22. 1 3 6【解析】sum 的值是依次与 a, b, c 做累加的结果。第 6 行执行 sum+=a，sum 的值为 1；第 8 行执行 sum+=b，sum 的值为 3；第 10 行执行 sum+=c，sum 的值为 6。

23. 6 5【解析】（1）%10 运算可以截取十进制数的最后一位，输出 x%10 的结果为 6。（2）执行 x/=10 后，x 的值为 12345，再输出 x%10 的结果为 5。

第 8 章

8.4 练习题解析及答案

8.4.1 选择题

1. B【解析】使用单引号括起来字面值为字符类型。

2. B【解析】B 选项应该用单引号'A'。

3. B【解析】单引号里不能有两个字母。

4. C【解析】字符类型能够参与运算，它的值是它在 ASCII 表的对应数值。

5. B【解析】大写字母、小写字母、数字在 ASCII 码表中都是连续的。

6. B【解析】B 选项中，变量 x 的值是 ASCII 码表中'A'的后面一个字符，即'B'。

7. B【解析】类比来看，B 是字母表的第 2 个字母，用'A'+1 表示。Z 是字母表的第 26 个字母，用'A'+25 表示。

8. B【解析】数字字符减去字符'0'，可以得到这个字符所代表数值的值。

9. D【解析】整型转换为字符类型的结果是 ASCII 码对应的字符，结果为'A'。

10. A【解析】A 选项错误，除法运算优先级高于加法运算，两个整数 7 和 2 相除的结果是整数 3，再加上浮点数 0.0，得到的结果是 3.0，不满足题目要求。

11. D【解析】D 选项中，int 应该出现在变量名之前，而不是赋值操作符之后。

8.4.2 判断题

12. 错误【解析】小写's'转大写'S'的表达式为's'-'a'+'A'，大写'A'加上'S'和'A'的差值，也就是's'和'a'的差值，转换为'S'。

13. 正确【解析】(double)3 和 3*1.0 都将 3 转换为 double 类型，题目中表达式结果均为 1.5。

14. 错误【解析】本题主要考查基本数据类型。int 是整型，例如 3 是一个 int 类型常量，但 3 加上单引号之后，即'3'在 C++语言中表示字符，它是 char 类型常量。

15. 错误【解析】本题考查 C++字符知识，字符相加是根据对应 ASCII 码值相加，'1'的 ASCII 值是 49，'2'的 ASCII 值是 50，输出是 49+49 对应的字符，而不是 50。

16. 正确【解析】int(3.14)会发生显示的类型转换，这种转换会导致浮点数的小数部分被截断，只保留整数部分，所以结果为 3。

17. 错误【解析】本题考查数据类型的转换。int(s)是函数式的强制类型转换，会将 double 类型的变量 s 转化为 int 类型，只保留其整数部分，结果为

18，然后将 18 + 10 的结果赋值为 int 类型变量 t，最终输出 t 的值为 28。

18. 错误【解析】本题考查类型转换。int('9')会将字符'9'转换为 int 类型，得到的是字符'9'的 ASCII 值 57；之后再做乘法运算，最终表达式的值为 228。

19. 错误【解析】本题考查数据类型的理解。在指针运算中，你可以将一个指针和一个整数相加，但整数不会转换为指针类型，而是指针的值会增加相应的内存地址量，且在此运算中并没有发生数据类型的转化。

20. 正确【解析】本题考查数据类型的使用。在规定了变量的数据类型后，如果使用不同类型的值对其进行赋值，则会发生类型转换，将不同类型的值转换成该变量对应的类型。

8.4.3　填空题

21.（1）2（2）E【解析】（1）输出小写字母在字母表中的序号。（2）将小写字母转换为大写字母。

第 9 章

9.3　练习题答案及解析

9.3.1　选择题

1. A【解析】ceil()为向上取整函数，计算结果为大于或等于 x 的最小整数。

2. C【解析】C 选项中，ceil(4.2)结果是 5.0。

3. D【解析】floor()为向下取整函数，结果为 3.0。

4. C【解析】A 选项输出 3.0000；B 选项输出 4；D 选项输出 2。

9.3.2　判断题

5. 正确【解析】(int)3.14 是强制类型转换，将双精度浮点型转化为整型，直接去掉小数部分，结果为 3。

6. 错误【解析】floor()为向下取整函数，结果是-4。

7. 正确【解析】%lf 是 double 类型的占位符，百分号后面加.4 可以四舍五入保留 4 位小数。

8. 错误【解析】当 x 为整数的时候，返回值等于 x。

9. 正确【解析】想要使用 round()，ceil()，floor()

函数，需要在程序开始处写上#include<cmath>。

9.3.3　填空题

10. 4.0【解析】round()为四舍五入函数，3.5 四舍五入取整为 4.0。

11. -3.0【解析】ceil()为向上取整函数，-3.5 向上取整为-3.0。

第 10 章

10.2　练习题答案及解析

1. C【解析】平行四边形表示输入或输出操作，菱形表示决策点。

2. B【解析】流程图是顺序结构，下一个矩形内容是"加入火腿和生菜"。

3. D【解析】菱形判断有无黄瓜，因此"没有黄瓜"将走到"买西红柿"分支。

4. C【解析】先执行 x=x+5，x 变为 10，后执行 x*=2，x 变为 20。

5. A【解析】4%2 结果为 0，菱形判断转向 true 分支，a 被赋值为 1，输出 a 的值为 1。

第 11 章

11.4　练习题答案及解析

11.4.1　选择题

1. B【解析】关系运算符的结果是布尔类型。

2. C【解析】bool 值 0 和 false 等同。

3. C【解析】C 选项中，不等式 x<=x 恒成立。

4. D【解析】当 a>=b 成立时，表达式 a>=b 的结果为 true，表达式 a>=b==true 变为 true==true，结果也为 true。当 a>=b 不成立时，表达式 a>=b 的结果为 false，表达式 a>=b==true 变为 false==true，结果也为 false。

5. B【解析】A 选项用于判断 x 与 y 不相等；C 选项使用赋值运算符，执行后 x 中的值为 y 的值；D 选项中运算符不存在。注意区分==和=，==是关系运算符，=是赋值运算符。

6. B【解析】当 x 为 3 的倍数时，整除 3 的余数为 0，此时表达式的结果为真。

7. D【解析】if 语句条件表达式后面不加分号。

8. A【解析】x>0 时执行代码块并进行输出。

11.4.2 判断题

9. 正确【解析】true 可以用数值 1 表示，false 可以用数值 0 表示；非 0 数值被视为 true，0 被视为 false。

10. 错误【解析】当 x 等于 0 时，!x 的结果为真；当 x 不等于 0 时，!x 的结果为假。

11. 正确【解析】数值 0 相当于 false，这两个表达式都在 x 不等于 0 时结果为 true，并执行代码块。

12. 错误【解析】本题主要考查 C++基本运算中的求余运算、偶数判断；偶数是指在整数中能被 2 整除的数。题中表达式表达"被 4 除余 2"，这样的数一定是偶数，但偶数不一定满足该条件。例如，4 是偶数，被 4 除余 0。

13. 正确【解析】整数类型 int 也可以在条件表达式中使用，因为非零值会被隐式转换为 true，而零值会被隐式转换为 false。

14. 错误【解析】本题考查数据类型的转换；bool(-1)返回的是 true，因为在 C++语言中，任何非零数值转换为 bool 类型时都被视为 true。

15. 错误【解析】本题考查基本运算；括号表达式(8<9<10)，会从左往右先判断。8<9 成立，逻辑值为 true，即为 1，然后判断 1<10，逻辑值为 true，即为 1，所以最后输出的结果为逻辑值的数值形式，即 1。

11.4.3 填空题

16. true【解析】2<3 成立，结果为 true。

17.（1）x==y（2）x>=y【解析】本题考查关系运算符的使用。注意区分==和=，判断等于需要使用==，判断大于或等于需要使用>=。

第 12 章

12.3 练习题答案及解析

12.3.1 选择题

1. B【解析】if 语句当条件满足时会执行后面的代码。

2. A【解析】阅读流程图，当条件 y%x==0 为

true 时，应将 a 赋值为 1；当条件 y%x==0 为 false 时，应将 a 赋值为 0。

3. A【解析】当输入 x 为-3 时，x>0 结果为 false，会执行 else 语句块，输出 3。

4. B【解析】若 10+N 的值大于 24，则超出了当天，否则为当天。若(10+N)/24==0，则肯定是今天，否则天数为(10+N)/24 天。时间为不足 24 小时的部分，应为(10+N)%24 点。

5. A【解析】根据第 3 行的输出语句，可得知第 2 行 if 语句内的条件表达式的作用应该是判断 N 是否为偶数。正确的判断表达式为 N%2==0。

6. D【解析】本题考查分支结构。理解题意，前 3 天打鱼，后 2 天晒网，则 n 为 1、2、3 时，打鱼；n 为 4、5 时，晒网。由于一直重复这个过程，且给定 i=n%5，所以当晒网时，变量 i 应为 4 或者 0，所以横线处应填入 i==0||i==4。

12.3.2 判断题

7. 正确【解析】x=0 应该写作 x==0，这种错误写法会导致 x 值为 0，然后执行 else 语句块。

8. 正确【解析】本题考查 C++语言中分支结构中的 if 语句与 if-else 语句的区别。在 if-else 语句中，当 if 语句条件不满足，会执行 else 中的语句；if 语句可以独立存在，条件满足，执行下级代码，条件不满足，跳过下级 else 代码继续执行。

12.3.3 填空题

9.（1）x%3==0（2）x%3【解析】（1）如果 x 是 3 的倍数，那么整除 3 余数为 0，即 x%3==0。（2）条件不满足的时候，输出余数，即 x%3 的结果。

第 13 章

13.3 练习题答案及解析

13.3.1 选择题

1. D【解析】return 是返回语句。

2. B【解析】小理运动会排练，会问爸爸，且爸爸回家吃饭，则爸爸会买酱油。

3. A【解析】一个 if 语句后可以有多个 else if 语句。

4. C【解析】if-else if 结构会进行顺序判断，如果满足前面的条件，后面的代码不再执行。

5. B【解析】这段代码判断 x 中是否包含因数 2，3，5。如果有，则输出最小的因子。顺序执行代码，if 条件不满足，判断第一个 else if，满足条件并输出 3，且不再进行后续的判断。

6. A【解析】考查 if 分支结构。14 和 12 都是偶数，对 2 取余结果都等于 0，因此会输出都是偶数。

7. A【解析】在输入为 21 时，21%3 的结果为 0，因此条件 N%3==0 成立，并执行第 4 行代码，输出能被 3 整除，且不再进行后续的判断。

13.3.2 判断题

8. 正确【解析】if 选择结构一定有 if 语句，后面可以有多个 else if 语句，也可以有一个 else 语句。

9. 错误【解析】只执行第一个满足条件的代码块。

10. 正确【解析】if 选择结构只运行第一个满足条件的代码块，如果都不满足条件，else 语句将运行 else 代码块。

11. 正确【解析】如果条件都不满足且没有 else 语句，那么不运行代码块。

13.3.3 填空题

12. (1) else if (2) else【解析】(1) 后面有判断条件，应该写 else if。(2) 后面没有判断条件，应该写 else。

第 14 章

14.3 练习题答案及解析

14.3.1 选择题

1. B【解析】B 选项不是运算符。A，C，D 选项分别是逻辑或、逻辑与、逻辑非。

2. D【解析】逻辑或运算只要一个值为真，整个表达式就为真。

3. B【解析】A 选项表达为 "a 与 b 相等或者 a 与 c 相等"；C 选项 a==b 的结果为 1 或者 0，c 再和 1 或者 0 比较是否相等；D 选项表达为 "a 与 b 不相等并且 a 与 c 不相等"。

4. A【解析】A 选项中，x>3 和 x<=3 一定有一个式子为 true，逻辑或运算结果为 true。

5. B【解析】逻辑运算符中逻辑非的运算优先级高于关系运算符运算的优先级。

6. D【解析】A 选项多了等号，当 x 不是数字或者为 0 或为 9 时，结果为 true；B 选项，表达式恒成立，结果为 false；C 选项少了等号，当 x 不是数字或为 0 或为 9 时结果为 true。

7. A【解析】B 选项的 > 和 < 写反，表达式恒成立，结果为 false；C 选项的大写字母和小写字母之间存在其他字符；D 选项 && 和 || 写反，表达式无意义。

8. C【解析】x 是 char 类型，减去字符 "0" 得到对应的数字。

9. C【解析】当输入 x 的值为 8 时，表达式变为 6<8 && 8<=9，表达式结果为 true，输出 autumn。

10. B【解析】本题考查运算符优先级，算术运算符包括：+、-、*、/、%，优先级大于逻辑与 &&。2-1 等于 1，2%10 等于 2，1&&2 的结果为 true，其数值等于 1，选 B。

11. D【解析】先计算 x < y 结果为 true；再计算 !x<z，应先进行逻辑非运算，!x 结果为 0，0<6 的结果为 true，整个表达式为 true||true，结果为 true。

12. A【解析】本题考查程序模拟结果，考查 if 语句和除法运算。整数除以整数的答案还是整数，7/5==1，7/3==2，第 1 个 if 语句条件表达式成立，输出 0。

13. A【解析】题目使用 scanf() 输入，需求 %d 为整数格式，键盘输入 14+7，程序只会读入加法字符 (+) 前面的整数部分 14，因此 P 的值输入为 14，满足 if 语句中的条件，执行 if 语句中的输出语句，14%3 结果为 2，14%7 结果为 0，最终程序输出为第 5 行代码 2，0。

14.3.2 判断题

14. 正确【解析】C++ 语言中运算符联立的结果不是数学上联立的结果，需要分开写不等式并用逻辑与 && 连接。

15. 错误【解析】正确的判断应该是 if(x >= 4 && x <= 7)。

16. 正确【解析】本题考查基本运算。由于 a 为 int 类型，表达式 a/4 中的除号 / 为整除运算。因此，表达式 (a/4==2) 表示 a 除以 4 的商为 2，于是 a 的值从 8 到 11 时表达式结果为真；否则为假。这与表达式(a >= 8 && a <= 11)的结果总是相同的。

17. 错误【解析】逻辑非的结果为 1 或 0，若 N 初始不是 1 或 0，则运算结果不等于 N。

18. 错误【解析】本题考查比较运算符和逻辑运算符。前者是两个条件都要满足，后者的操作是先判断 5 <= a 的结果，然后与 10 比较大小。当 a = 20 时，表达式(5 <= a <= 10)应从左往右先判断 5 <= 20 的结果为真，数值为 1，1 再与 10 比较大小，结果为真，返回结果是 1。当 a = 20 时，表达式(a >= 5 && a <= 10)返回结果是 0。因此，上述两个表达式结果并不总是相同的。

19. 正确【解析】本题考查逻辑运算符。由于加法、减法运算符的优先级要高于逻辑与运算符，所以先计算加法和减法，得到表达式为 5 && 0，由于在 C++语言中，非零值被看作逻辑真，0 被看作逻辑假，所以上式 true && fasle 的结果为 false。

20. 错误【解析】本题考查 C++基础知识，括号、加法运算符优先级比逻辑或运算||高，逻辑或运算||最后操作，其返回结果是 false（0）或者 true（1），该表达式为 6 || 7，返回逻辑值 true，数值为 1。

14.3.3 填空题

21. x < 90 && x >= 80【解析】第一个 if 语句表达式为 false，会执行 else if 判断，执行到 else if 说明 x < 90。故在 x 大于或等于 80 小于 90 时输出 good，可以使用 if 语句实现同样效果。

第 15 章

15.3 练习题答案及解析

15.3.1 选择题

1. D【解析】switch 也可以实现选择结构。

2. A【解析】3 不等于 0，进入第一层 if 语句；3 大于 0，进入第二层 if 语句，输出 positive。

3. B【解析】-6 不等于 0，进入第一层 if 语句；-6 小于 0，进入第二层 if 语句，输出 negative。

4. D【解析】case 后面只能写常量或常量表达式。

5. B【解析】输入'C'时，switch 语句会匹配到第 8 行的 case 块，然后执行该 case 块内语句，输出 3，由于该 case 块中没有 break 语句，因此会发生 switch-

case 语句的贯穿现象，继续执行下一个 case 块中的语句，输出 5，然后执行第 9 行的 break 语句，结束 switch 语句。因此，正确的输出为 3 5，答案选择 B 选项。

6. B【解析】return 不是表示分支结构的 C++保留字。

7. C【解析】正确的执行顺序如下：输入 1，进入 switch 语句，根据 month 的值执行不同 case 语句。判断当前 month 值是否为 1，当前 month 值为 1，程序执行 case 1:块中的语句 cout << "Jan"，输出 Jan。对于 case 1:由于没有 break 语句，因而会发生 switch 语句中的贯穿现象，继续执行下一个 case 块中的语句。执行 cout << "Mar"并输出 Mar。随后遇到 break 语句，退出 switch 语句。因此，程序的输出结果为 Jan Mar，正确答案选择 C 选项。

15.3.2 判断题

8. 错误【解析】if、else if、else 语句块都可以嵌套循环。

9. 正确【解析】可以将 case 后面的值用 if 结构罗列出。

10. 正确【解析】不增加 break，会发生 switch...case 语句的贯穿现象，并继续执行后续语句。

11. 正确【解析】嵌套的两个 if 判断条件相当于逻辑与的关系。

15.3.3 填空题

12. （1）跳跃；什么也没做（2）state == 1【解析】（1）state 值为 1，进入 case 1；state 值为负数，进入 default。（2）switch 语句中，进入 case 1 并输出"跳跃"，此时 state == 1。

第 16 章

16.4 练习题答案及解析

16.4.1 选择题

1. D【解析】printf()函数在<cstdio>头文件中。

2. A【解析】abs()函数能计算绝对值；sqrt()函数能计算算术平方根；max()函数能计算最大值；ceil()函数能向上取整。

3. A【解析】A 选项计算绝对值，结果为 3；B 选项向上取整，结果为-2；C 选项强制转换类型为整数，结果是 2；D 选项向下取整，结果为-3。

4. B【解析】本题考查数学函数的使用；A 选项，abs()为绝对值函数，表达式 abs(-8)的结果是 8；B 选项，max()为最大值函数，min()为最小值函数，表达式 min(max(8, 9), 10)应先执行内部 max(8, 9)，结果为 9，然后执行 min(9, 10)，结果为 9；C 选项，表达式 int(8.88)为函数式的强制类型转换，截断小数部分取整得到结果为 8；D 选项，sqrt()为平方根函数，函数返回值为浮点数类型，结果为浮点数类型的 8。因此，选择 B 选项。

16.4.2 判断题

5. 正确【解析】sqrt(x)函数计算 x 的算术平方根，需要包含 cmath 头文件，得到一个 double 类型的结果。

6. 错误【解析】abs()函数计算绝对值，非负数的绝对值等于它本身，x 可能为 0。

7. 正确【解析】完全平方数能分解为一个整数的平方。

8. 错误【解析】本题考查常用数学函数。sqrt()函数是求平方根函数，abs()是求绝对值函数，满足上述表达式的 a 的值可以为 0 或者 1。

16.4.3 填空题

9. 7；-7【解析】7 和-7 的绝对值都为 7。

10. sqrt(15)【解析】正方形的边长是面积的算术平方根。

11. x < 0【解析】x<0 的时候，转换为-x；x>=0 的时候，保持原值不变。

12. （1）s*s==x（2）double；int【解析】（1）x 的算术平方根为整数时，x 为完全平方数。s 为 x 算术平方根去除小数部分的整数。s 的平方为 x 时，表示 x 的算术平方根为整数。（2）sqrt()函数计算后的值是 double 类型，存储到 int 类型的变量中强制转换为 int 类型。

第 17 章

17.4　练习题答案及解析

17.4.1　选择题

1. D【解析】if-else 结构用于实现分支结构，不能实现循环结构。

2. C【解析】A 选项累加和循环结束条件写反了；B 选项 for 的圆括号后面不加分号；D 选项括号中的 3 个语句用分号分隔。

3. C【解析】在{}语句块中，可以使用变量 i。

4. C【解析】循环执行 10 次，每次输出 1 个整数，共输出 10 个整数。

5. A【解析】第一次循环开始时判断条件 4<=3 不成立，循环一次都没有执行。

6. D【解析】A 选项执行 10 次；B 选项执行 10 次；C 选项执行 10 次；D 选项执行 11 次。

7. C【解析】首先输入 n，然后执行 n 次循环，每次输入一个整数存到 k 中，一共 n+1 个整数。

8. A【解析】B 选项从'b'开始输出；C 选项循环了 27 次，多输出了非字母字符；D 选项循环了 25 次，少输出了'a'。

9. B【解析】模 10 运算能得到个位数，结尾为 5 说明个位为 5；A 选项运算符写错了；C 选项没有定义变量 n；D 选项少写了一个等号。

10. D【解析】本题考查 for 循环结构，求一个正整数的所有因子。1 和 n 是数字 n 的因子，循环的终止条件为：i<=n 或者 i<n+1，B 和 D 选项符合。B 选项中为 i+1，i 的值不能累加，会造成死循环，所以正确答案选择 D 选项。

11. A【解析】本题考查 for 循环结构，条件表达式为 n 赋值为 0，则循环不会执行，输出 s 原有值 1。选 A。

12. C【解析】初始时 cnt 为 0，程序执行步骤如下：

第一次循环，i=1，表达式 i<10 为真，进入循环，执行 cnt += 1，变量 cnt 为 1，执行 i += 2，i = 3，之后循环变量 i 再自增 1，i=4。

第二次循环，i=4，表达式 i<10 为真，进入循环，执行 cnt += 1，变量 cnt 为 2，执行 i += 2，i = 6，之后循环变量 i 再自增 1，i=7。

第三次循环，i=7，表达式 i<10 为真，进入循环，执行 cnt += 1，变量 cnt 为 3，执行 i += 2，i = 9，之后循环变量 i 再自增 1，i=10。

i = 10，表达式 i < 10 为假，结束循环。因此，输出 cnt 的值为 3，正确答案为 C 选项。

13. C【解析】循环的初始条件是 int i = -10，结束条件是 i < 10。循环变量 i 从-10 开始逐渐增加，直到等于 10 时退出循环。因此，循环共执行了 20 次，每次循环都会执行第 2 行代码，所以第 2 行代码共被执行的次数是 20 次。

14. D【解析】i％3 表示变量 i 除以 3 的余数，如果 i 不能被 3 整除，即 i％3 的结果不为 0，则条件为真。i％7 表示变量 i 除以 7 的余数，如果 i 不能被 7 整除，即 i％7 的结果不为 0，则条件为真。因此，if(i％3＆＆i％7)表示当 i 既不能被 3 整除也不能被 7 整除时，整个条件为真。因此，满足条件的数字是 1、2、4、5、8，它们的总和是 $1+2+4+5+8=20$。

15. D【解析】从 0 开始循环枚举，当找到满足 i＊i==N 的 i 时，证明 N 是一个完全平方数。

16. C【解析】本题考查循环结构；当 n 为 3 时，循环条件为 i<2，循环变量 i 的初始值为 0，循环步进语句为 i++，故该循环只会执行两次，每次使得 m=(m-1)＊2，由于 a 的值为 5，初始时 m 的值为(a-1)＊2=8，然后第一次循环后 m 的值变为(8-1)＊2=14，第二次循环后 m 的值变为(14-1)＊2=26。因此，最终输出 m 的值为 26，选择 C 选项。

17. A【解析】本题考查循环结构。题目中给出的 for 循环，变量 i 的取值为 10，12，14，16，18；A 选项，该 for 循环的循环变量 i 的取值为 10，12，14，16，18；B 选项，该 for 循环的循环变量 i 的取值为 11，13，15，17；C 选项，该 for 循环的循环变量 i 的取值为 10，12，14，16，18，20；因此正确答案选择 A 选项。

17.4.2 判断题

18. 错误【解析】在本题中，循环变量 i 枚举 1、4、7、9，最后一次输出 i 的值为 9。

19. 错误【解析】本题考查循环结构。循环变量 i 从-500 到 499，循环步进语句为 i++，循环体会将 i 的值累加到 Sum 变量中，因此最终 Sum 变量的值为-500。

20. 正确【解析】本题考查循环、逗号表达式、赋值运算的知识。第 1 次循环：m=3＊1=3，n 赋值为 3-1=2；第 2 次循环：m=3＊2=6，n 赋值为 6-1=5；第 3 次循环：m=3＊5=15，n 赋值为 15-1=14；第 4 次循环：循环条件 n<9 不成立，结束循环。最终结果 n 的值为 14，是偶数。

21. 错误【解析】本题考查循环结构。每次循环，i 自增 2，i 取值为：0，2，4，6，8，执行循环体 rst += i，即 rst 累加上 i 的值。当 i=10 的时候，循环条件不成立，结束循环。因此，最终 rst 的值为 0+2+4+6+8=20。

第 18 章

18.3 练习题答案及解析

18.3.1 选择题

1. C【解析】循环条件为 x 不是 0，循环进入判断时 x 值分别是 3、2、1，执行 3 次循环。

2. D【解析】1 等价于 true。每次条件判断均为真，循环会一直进行下去。

3. A【解析】B 选项第二部分判断条件应为 x>=0；C 选项第三部分应为 x--；D 选项第一部分没有赋初始值。

4. B【解析】观察输出结果为 5 的倍数，对 5 取余为 0 的数是 5 的倍数。

5. B【解析】temp 值为当前 x 对 10 取余，故每轮 temp 为 x 的个位。所以程序从后往前依次截取十进制数字的每个数位存入 temp 中。

6. B【解析】本题考查 while 循环结构，循环执行了 n=5，n=3，n=1 共 3 次，cnt 增加了 3，且最开始 cnt=1，最终输出 cnt 的值为 4，答案选 B。

7. B【解析】开始时，N 的初始值是 10。在循环中，N 每次减去 1，然后判断新的 N 是否能被 3 整除。如果能被 3 整除，则输出 N 的值，后面跟着一个#符号，结果为 9#6#3#0#。

8. C【解析】移动后，循环开始时 i 为 1，执行 i += 1；后 i 为 2，此时奇数 1 没有被加到 Sum 中，所以 C 选项错误。

9. D【解析】选项 A 输入的 4 个五位数的百位数为 2、4、3、1，其和为 10。选项 B 输入的数据为 4 个四位数，程序可以正常运行，不会编译失败。选项 C 考虑输入五位数 12345，12345%1000 值为 345，345/100 值为 3，即为所需的百位数 3。选项 D 考虑输入五位数 12345，12345%100 值为 45，45/10 值为 4，不为所需的百位数 3。

10.D【解析】本题考查循环与分支结构。初始时，变量 i 为 1，n 为 81，if 语句内条件表达式为 n%(i*i)==0，当 i*i 的结果是 81 的因子时，表达式成立，执行语句 result=i*i，每次循环结束，变量 i 自增 1。循环执行步骤如下：

……

当 i 为 3 时，循环条件成立，if 语句表达式成立，result 被赋值为 9；

……

当 i 为 9 时，循环条件成立，if 语句表达式成立，result 被赋值为 81；

当 i 为 10 时，循环条件不成立，循环结束。

因此最终输出 result 的值为 81。

11.B【解析】本题考查循环与分支结构。初始时，变量 s 为 2，t 为 10，if 语句条件表达式 t%2==0 && t/2 >= s，当 t 为偶数且 t/2 的结果大于或等于 s 时，表达式成立，执行 t/=2；否则执行 t -= 1；。每次循环结束，变量 ans 自增 1。循环执行步骤如下：

s=2,t=10,循环条件成立,if 条件表达式成立,t 变为 5, ans 变为 1；

s=2,t=5,循环条件成立,if 条件表达式不成立,t 变为 4, ans 变为 2；

s=2,t=4,循环条件成立,if 条件表达式成立,t 变为 2, ans 变为 3；

s=2,t=2,循环条件不成立,循环结束。因此最终输出 ans 的值为 3。

18.3.2 判断题

12. 正确【解析】for 循环和 while 循环先判断条件，如果满足条件，则执行语句块。do…while 循环会先执行一次语句块，再判断条件，如果满足条件继续执行语句块。

13. 正确【解析】数值 0 和 false 等价，非 0 数值和 true 等价。

14. 正确【解析】本题主要考查 C++语言中的 do-while 语句的执行逻辑：do-while 会先执行一次循环体，然后判别表达式。当表达式结果为"真"时，返回重新执行循环体，如此反复，直到表达式结果为"假"为止，此时循环结束。

15. 正确【解析】任何一个 for 循环都可以被转化为等价的 while 循环，反之亦然。这是因为 for 循环和 while 循环都属于基本循环结构，可以实现相同的功能，只是语法不同。

16. 错误【解析】本题考查 bool 类型。在 C++语言中，非 0 值被看作逻辑真，0 被看作逻辑假，所以 while(1){...}循环的条件为逻辑真，1 虽然不是逻辑值，但可以被转化为逻辑真，并不会导致语法错误。

第 19 章

19.6 练习题答案及解析

19.6.1 选择题

1. B【解析】这段代码输出 1000 以内偶数的个数。

2. B【解析】计算个位数字时可使用表达式：x % 10。求最小值时，如果当前的个位数比擂台变量小，那么修改擂台变量为当前的个位数。

3. A【解析】出现一个 7，计数器的值加 1。

4. B【解析】擂台变量的初始值应该与读入数值的范围有关。

5. B【解析】存 2 年获得的本息是 1000*(1+0.03)*(1+0.03)=1060.9。

6. D【解析】每年的钱是上一年的 1+0.03 倍。

7. D【解析】本题考查 for 循环结构，求各位数字的平方和。n%10 配合 n/=10 可以分别求出各位上的数字，将(n % 10)*(n % 10)的结果累加到 s 中，即可得到结果。

8. B【解析】题目中的循环语句用变量 i 进行枚举，i 从 0 开始，逐个枚举 0、1、2、…、9；变量 Sum 的初始值为 0,循环体语句为 Sum 累加每次 i 的值，最终结果为 0~9 的和，即 45。

9. C【解析】变量 N0 如果不提前存储 N 的初始输入，循环结束后 N 的值变为 0，无法在最后输出时展示 N 的初始值，因此选项 A 错误。题目中的程序变量类型均为 int，如果输入超出 int 类型最大值，将导致溢出，无法计算出正确位数，选项 B 错误。第 9 行标记的代码行将 N 修改为 N0 后可以最后展示 N 的初始值，因此选项 C 正确。第 9 行标记的代码行的格式没有问题，因此选项 D 错误。

10.C【解析】本题考查循环与分支结构。初始时，变量 n 为 17，masks 为 10，days 为 1，cur 为 2。循环执行步骤如下：

masks = 10，n = 17，循环条件成立，cur = 2, if 条件不成立，masks 变为 9，days 变为 1，cur 变为 3；

masks = 9，n = 17，循环条件成立，cur = 3，if 条件不成立，masks 变为 8，days 变为 2，cur 变为 3；

...

masks = 5，n = 17，循环条件成立，cur = 0，if 条件成立，masks 变为 11，days 变为 6，cur 变为 1；

masks = 11，n = 17，循环条件成立，cur = 0，if 条件成立，masks 变为 17，days 变为 7，cur 变为 2；

masks = 17，n = 17，循环条件不成立，循环结束。

因此，最终输出 days 的值为 7。

11. A【解析】本题考查循环与分支结构。第 5 行的 if 语句成立时，则证明找到了不是偶数的数，将 bool 变量 Flag 标记为 false，并且结束循环。随后根据 bool 变量 Flag 的值，输出"是"或"否"。因此横线处应填入结束循环的语句，为 break。

12. A【解析】本题考查循环结构的使用。要判断一个数是否为回文数，需要将这个数反转，然后判断反转后的数是否与原来相等。反转的步骤应该为：将 a * 10 为 n 的末尾数提供位置，然后加上 n 的末尾数，即 n % 10。因此，正确的写法为 a = a * 10 + n % 10，直到 n 为 0，反转结束。此时 a 的值即为反转后的数，再与初始值 k 进行比较，若相等则是回文数，否则不是回文数。因此，横线处应填入 10 * a + n % 10，正确答案应该选择 A 选项。

19.6.2　判断题

13. 错误【解析】本题考查循环结构。循环步进语句为 i++，循环体内 i += 1，每次循环结束 i 实际自增 2，故 i 的取值为 1,3,5,7,9。因此，循环共执行 5 次，输出 cnt 的值为 5。

第 20 章

20.4　练习题答案及解析

20.4.1　选择题

1. D【解析】如果循环中出现了 break，那么循环终止。

2. C【解析】执行到 break 后跳出循环，2 比 1 少输出一次，故输出 1 共 3 次，输出 2 共 2 次。

3. A【解析】共循环 10 次，执行到 continue 后跳过本次循环，printf("2")；少输出一次，故输出 1 共 10 次，输出 2 共 9 次。

4. A【解析】输入的值存储在变量 k 中，若 k 的值为 0，则执行 break 语句跳出循环。

5. A【解析】这段代码输出 6 以内的奇数。在 B 选项中，i % 2 != 0 的时候是奇数。在 C 选项中，i % 2 == 1 的时候是奇数。D 选项遇到第一个偶数就停止循环。

6. A【解析】第 3 行 if 语句的作用：如果当前变量 i 为奇数，则跳入下一层循环。第 5 行 else if 语句的作用：若当前变量 i 为 3 和 5 的倍数，则结束循环。因此，只有当 i=2, 4, 6, 8, 10, 12, 14, 16, 18 时，程序才会执行到 cnt += i 语句，最后输出 cnt 的结果为 0+2+4+6+8+10+12+14+16+18=90。

7. C【解析】A 选项，如果输入负整数，不满足 N >= 2，输出"不是质数"；B/C 选项，输入 2，满足 N >= 2，执行 Flag = true；且不满足 for 循环条件，最终输出"是质数"；D 选项，如果输入 2，不满足 N > 2，输出"不是质数"。

8. D【解析】题目中的循环语句用 i 控制，i 从 1 开始，每次循环增加 2，逐个枚举 1、3、5、7、9。循环内判断 i 除以 2 的余数是否为 1（判断 i 是否为奇数）：如果成立，将会执行 continue 语句并跳过本次循环之后的语句，直接进入下一次循环；如果不成立，才会执行语句 N += 1。由于 i 每次循环的值除以 2 的余数均为 1，所以不会执行 N += 1，因此循环结束后 N 的值没有变化，仍为初值 0。

9. C【解析】本题考查分支/循环结构。C++ 中没有关键字为 foreach 的循环结构，C++11 中引入用于遍历容器的 for 循环也仍然是关键字 for。

10. A【解析】本题考查程序填空，并根据题意，判断质数。质数的特点是只能被 1 和它本身整除，如果被 2~N-1 的数字整除，就不是质数，这样的数字找到 1 个，就不需要再循环判断了，因此填 break，正确答案选择 A 选项。

11. D【解析】注意 0 和 1 既不是质数也不是合数，所以对于 A/B/C 选项都没有考虑到 0 和 1 的情况，故正确答案应该选择 D 选项。在 D 选项中，通过三目运算符对 N 的值进行判断，对于 N < 2 的情况，都将 bool 型变量 Flag 标记为 false，即认为"不是质数"。

12. B【解析】本题属于考查程序填空。根据题意，在 while 循环中，变量 x 每次增加 2，其取值序列是 1，3，5，7，9，11，…当 x = 1 时，第 3 行、第 5 行的条件表达式不成立，x 的值变为 3；当 x = 3 时，第 3 行 if 语句条件表达式成立，会输出 3，x 的值变为 5；当 x = 11 时，第 3 行语句条件表达式不成立，x / 10 结果为 1，第 5 行条件表达式成立，执行 break 语句结束循环。随后，执行第 9 行输出语句，输出 x 的值为 11，因此最终的输出结果为 3，9，11。答案选 B。

20.4.2 判断题

13. 错误【解析】本题考查 C++循环知识，for 循环的变量 i 从 1 开始，每次循环递增 1，当 i 等于 10 时退出循环。

14. 正确【解析】while(1)创建了一个无限循环（也称为死循环），因为条件表达式 1 总是会被隐式转换为 true，并且 while 循环内部也没有 break;语句用来跳出循环。

15. 正确【解析】break 可以终止当前层的循环。

20.4.3 填空题

16. （1）flag = true;（2）break;【解析】（1）找到数字 7 时，将标记 flag 设置为 true；（2）找到第一个数字 7，说明该整数中包含数字 7，可以提前终止循环。

第 21 章

21.4 练习题答案及解析

21.4.1 选择题

1. D【解析】局部变量的初始值是随机数。

2. C【解析】temp 是局部变量，只能在 if 语句块中使用。

3. B【解析】for 循环可以嵌套 while 循环。

4. A【解析】外层循环执行 3 次，每次外层循环中，内层循环执行 4 次，因此一共执行 3*4=12 次。

5. C【解析】在 for 循环的圆括号中定义的变量 i 可以在花括号中使用，不能在循环外使用。

6. B【解析】用 i 设置内层循环的初始值，使内层分别循环 3、2、1 次。

7. A【解析】观察输出可以发现，第 i 行输出共 i 列，因此内层循环的限制条件为 j<=i，使内层循环分别执行 1、2、3 次。

8. D【解析】变量 i 由于在 for 循环内初始化，因此是该 for 循环的局部变量。第 7 行代码不在 for 循环内部却使用了变量 i，所以会提示有编译错误。正确答案选择 D 选项。

9. A【解析】本题属于考查程序填空。根据题意，这是一道双重循环的题目，题目的核心是考核运行次数，注意 i 和 j 的循环范围，以及 j 每次累加 2。当 i=1 时，内层循环 j 执行 0 次；当 i=2 时，内层循环 j 执行 1 次，cnt += 1，以此类推，最终 cnt 的值为 16，正确答案选 A 选项。

10. B【解析】本题属于考查程序填空。根据题意，外层循环变量 i 的范围是[1,12]，i 每次累加 3，i 的取值为 1、4、7、10；内层循环变量 j 每次的范围是[1,i-1]，j 每次累加 2。我们发现，j 的值都是奇数；根据 if 语句的条件表达式 i * j % 2 == 0，发现当 i*j 是偶数时，会执行 break 语句结束内层循环；只有 i 为奇数的时候才会执行 cnt += 1，因此 i 可取的值是 1,7。当 i=1 时，内层循环条件 j<i 不成立，内层循环不会执行；当 i=7 时，内层循环变量 j 的取值为 1、3、5，所以 cnt+=1 会执行 3 次。因此最终输出 cnt 的值为 3，正确答案选择 B 选项。

11. D【解析】本题属于考查程序填空。根据题意，对角线上的元素等于 1，对角线元素的坐标特点是行左边等于列坐标，也就是 i == j。

21.4.2 填空题

12. （1）cnt++;（2）break;【解析】如果这个数字中有一位出现数字 7，则计数加 1，不再统计其他位的数字 7，结束内层循环。

附录 A

A.5.1 选择题

1. A【解析】编译器的主要功能是将源程序翻译

为机器指令代码，即计算机可以直接执行的二进制代码。

2. B【解析】鼠标主要用于用户与计算机之间的交互，并不具备存储数据的功能。

3. C【解析】RAM（随机存取存储器）断电后所存储的数据会丢失，而 ROM、光盘、硬盘断电后数据不会丢失。

4. C【解析】操作系统的功能包括控制和管理计算机系统中的各种软硬件资源、负责外设与主机之间的信息交换、诊断机器故障、对资源的管理和调度等。

5. C【解析】Photoshop 是一款图像编辑软件，并不属于操作系统。

6. D【解析】在 Windows 系统中，".exe" 是可执行文件的标准扩展名，用于标识可以直接运行的程序文件。

7. B【解析】广域网的英文全称是 wide area network，缩写为 WAN。LAN 代表局域网，MAN 代表城域网。

8. B【解析】Wi-Fi 技术提供了一种无线局域网的连接方式，允许设备之间通过无线电波进行通信。

9. C【解析】John J. Hopfield 和 Geoffrey E. Hinton 的主要贡献在于人工智能领域，特别是在神经网络和深度学习方面。

10. C【解析】纯血鸿蒙是一个操作系统，高德地图、腾讯会议、金山永中分别是地图导航、视频会议、办公软件应用。

11. A【解析】题干强调磁心元件为计算机运算控制部分的存储元件，计算机中内存用于暂时存放 CPU 中的运算数据，以及与硬盘等外部存储器交换的数据，故该元件属于内存。

12. C【解析】IPv4 中 A 类地址网络的数量为 126 个。

13. C【解析】TCP/IP 模型的网络接口层对应于 OSI 模型中的物理层和数据链路层，负责处理实际的物理连接和数据帧传输。

14. C【解析】王选先生因在汉字激光照排系统方面的创新工作而获得王选奖，该系统极大地推动了中文印刷业的发展。

15. B【解析】现代电子计算机基于冯·诺依曼体系结构，其特点包括使用单一的处理单元完成计算和逻辑操作，以及程序和数据共用存储空间。

A.5.2 判断题

16. 正确【解析】在 Windows 操作系统中，使用 Ctrl+C 快捷键可以复制选中的文件或文本，而 Ctrl+V 快捷键用于粘贴已复制的内容。在资源管理器中选择文件 A 后，按 Ctrl+C 快捷键将文件 A 复制到剪贴板中，在目标位置按 Ctrl+V 快捷键可创建文件 A 的副本。

17. 正确【解析】C++语言确实是一门支持面向对象编程的高级编程语言。

2024 年 9 月一级真题解析

1 选择题

1. A【解析】题干强调磁心元件是计算机运算控制部分的存储元件，计算机中的内存用于暂时存放 CPU 的运算数据，以及与硬盘等外部存储器交换的数据，故该元件属于内存。

2. D【解析】阅读源代码是一种非常常见的调试方法，通过查看代码逻辑找出可能的问题；单步调试是通过逐行执行代码，观察每步的状态和变化，这也是常见的调试方法；输出执行中间结果，即在代码中添加打印语句查看程序运行时的变量值和状态，也是常见的方法；跟踪汇编码是指查看编译后的汇编代码来调试程序，这是比较低级、复杂且不太常用的调试方式。

3. D【解析】在 C++语言中通常使用单引号定义字符，使用双引号定义字符串。选项 A 输出内容在双引号内部，格式为字符串，能正确输出 Hello, GESP!；选项 B 单引号内格式为字符，只应该包含 1 个字符，但是实际传入多个字符，可能会产生某些特定的输出，但不会是 Hello, GESP!；选项 C 前两个双引号为一对，内部无内容，因此没有输出，中间两个双引号为一对，能够正确输出 Hello, GESP!，最后两个双引号为一对，内部无内容，因此没有输出，最终输出内容为 Hello, GESP!，输出内容不会包含双引号，如果想要输出双引号，需要使用转义字符\"；选项 D 有一个双引号和一个单引号互不成对，会导致程序编译失败。

4. B【解析】算式乘、除、取模运算优先级一致且比加、减运算优先级高，所以题目表达式先计算 3*2，结果为 6，再计算 10-6，结果为 4。

5. C【解析】在 C++语言中，如果被除数和除数均为整数类型，那么进行除法运算的结果将会舍去余数，仅保留整数部分的商；%为取模操作，在 C++语言中取模和取余功能一致。题目中 N 为整数 10，除数 3 也为整数，所以 N/3 结果为 3。N%3 结果为 1。最后算式为 3+1，结果为 4。

6. D【解析】printf()语句中将会输出双引号中的格式化字符串，其中%为格式说明符，如本题的%d 表示使用整数格式输出参量表中对应参量的值。参量表为格式化字符串右侧内容，与格式化字符串中的格式说明符一一对应。本题执行语句后会输出双引号中的内容，其中%d 对应参量表中的 6%2，其值为 0。最终输出为 6%2={0}。

7. D【解析】题目中未明确指定变量 a 和 b 的数据类型，因此输出结果不确定。

8. B【解析】题目中的循环语句使用变量 i 进行枚举，i 从 0 开始，依次取值为 0, 1, 2, …, 9。变量 Sum 的初始值为 0，循环体语句为 Sum 累加每次 i 的值，最终结果为 0~9 的和，即 45。

9. C【解析】题目中的循环语句使用变量 i 控制循环，i 从 0 开始，依次取值为 0, 1, 2, …, 9，共进行 10 次循环。变量 N 的初始值为 0，每次循环增加 1，因此循环结束后 N 的值为 10，最后输出结果为 10。

10. D【解析】题目中的循环语句使用变量 i 控制循环，i 从 1 开始，每次循环增加 2，依次取值为 1, 3, 5, 7, 9。循环内判断 i 除以 2 的余数是否为 1（即判断 i 是否为奇数）：如果成立，则执行 continue 语句，跳过本次循环的剩余语句，直接进入下一次循环；如果不成立，则执行语句 N += 1。由于 i 每次循环的值除以 2 的余数均为 1，因此不会执行 N += 1，循环结束后 N 的值仍为初值 0。

11. A【解析】题目使用 scanf()函数进行输入，格式说明符%d 表示读取整数。键盘输入 14+7，程序只会读取加号（+）前面的整数部分 14，因此变量 P 的值为 14，满足 if 语句中的条件，执行 if 语句中的输出语句。14 % 3 的结果为 2，14 % 7 的结果为 0，最终程序输出为第 5 行代码的 2,0。

12. D【解析】题目中的循环控制变量为 i，循环语句中又执行了 i++语句。考虑第 1 次循环：初始 count 值为 0，i 值为 0，s 值为 0，i<20 成立；进入循环体，s+=i++语句根据运算优先级可拆分为两步：先执行 s+=i，再执行 i++，因此 s 值仍为 0，i 值变为 1，循环体结束；执行 i++和 count++，i 的值变为 2，count 的值变为 1。后续循环执行流程一致，最终共进行 10 次循环，s 值变化为 0+2+4+…+18=90，count 的值变化为 1, 2, 3, …, 10。

13. C【解析】如果变量 N0 不提前存储 N 的初始值，循环结束后 N 的值将变为 0，无法在最后输出时展示 N 的初始值，因此选项 A 错误；题目程序中的变量类型均为 int，如果输入超出 int 类型的最大值，则会发生溢出，无法计算出正确的位数，因此选项 B 错误；将 L9 标记的代码行中的 N 修改为 N0 后，可以在最后展示 N 的初始值，因此选项 C 正确；L9 标记的代码行的格式没有问题，因此选项 D 错误。

14. D【解析】选项 A 中，输入的 4 个五位数的百位数分别为 2、4、3、1，其和为 10，因此选项 A 描述正确；选项 B 中，输入的数据为 4 个四位数，程序可以正常运行，不会编译失败，因此选项 B 描述正确；选项 C 中，考虑输入五位数 12345，12345 % 1000 的值 345，345 / 100 的值为 3，即为所需的百位数 3，因此选项 C 描述正确；选项 D 中，考虑输入五位数 12345，12345 % 100 的值为 45，45 / 10 的值为 4，不是所需的百位数 3，因此选项 D 描述错误。

15. B【解析】考虑 N 为 6 和 7 的情况，首先 6 是"兄弟数"，7 不是"兄弟数"。i）当循环变量 i 的值为 2 时，可以成功判断 6，N 为 7 时不会输出；ii）当循环变量 i 的值为 3 时，可以成功判断 6，N 为 7 时不会输出；iii）当循环变量 i 的值为 2 时，可以成功判断 6，但 N 为 7 时，当 i 为 2 时会错误判断；iv）当循环变量 i 的值为 3 时，可以成功判断 6，但 N 为 7 时，当 i 为 3 时会错误判断。因此，i）和 ii）可以成功判断。

2 判断题

16. 正确【解析】C++是一门面向对象的高级编程语言。

17. 错误【解析】除法和取模是两种不同的运

算，功能不同，不能相互替换。

18. 错误【解析】%d 对应整数类型数据的输入，如果输入包含字母或小数，程序可以执行，但会导致未知的输入结果。

19. 错误【解析】本题中，循环变量 i 从 0 开始，依次取值为 0, 1, 2, …, 9, 循环体中执行 Sum += i，但 Sum 未给定初始值，因此最终 Sum 的值未知。

20. 错误【解析】本题中，X 为整型变量，赋初值后为 20，先执行 X++，X 的值变为 21，然后执行 (X + 1) / 10，输出结果为 2。

21. 错误【解析】本题中，循环变量 i 依次取值为 1、4、7、9，最后一次输出 i 的值为 9。

22. 错误【解析】break 语句用于跳出循环或 switch 语句，通常与循环语句（如 for、while）或选择语句（如 switch）配合使用。

23. 正确【解析】变量命名时需要满足以下规则：首位字符不能是数字；变量名只能由大小写字母、数字和下画线（_）组成；变量名不能是 C++ 中的关键字。

24. 正确【解析】在 C++ 中，整型、实数型、字符型、布尔型的变量比较最终会转变为数值大小的比较，其中字符型转为对应的 ASCII 码，布尔型转为 0（false）和 1（true）。

25. 错误【解析】表达式 (a < b < c) 的执行顺序可以写为 ((a < b) < c)，先执行 a < b，其值为 false，然后执行 false < c，其中 false 转为 int 类型的 0，结果为 true（逻辑真）。

3 编程题

26.【解析】

1. 题目要求输入三个整数，因此需要定义三个变量 n、a、b，分别表示小杨用于购物的金额、商品 A 的单价和商品 B 的单价。代码为：int n, a, b;。

2. 使用 scanf() 函数输入题目要求的数据：scanf("%d %d %d", &n, &a, &b);。

3. 利用整数除法 n / (a + b) 计算出在预算内可购买相同数量的商品 A 和商品 B 的最大数量，并使用 printf 输出结果。代码为：printf("%d", n/(a+b));。

【代码实现】

```
1  #include <cstdio>
2  int main() {
3      int n, a, b;
4      scanf("%d %d %d", &n, &a, &b);
5      printf("%d", n / (a + b));
6      return 0;
7  }
```

27.【解析】利用循环读取数据，并对每个输入的正整数使用取余操作判断是否为美丽数字。如果是，则计数器加 1，最后输出计数结果。

1. 定义三个整型变量 n、k 和 a，其中 k 初始化为 0，分别表示输入的正整数的个数、计数美丽数字的数量和临时存储每个正整数。

2. 使用 scanf() 函数进行输入：scanf("%d", &n);

3. 使用 for 循环，循环 n 次，每次读取一个正整数 a。

4. 使用 if 条件判断：如果 a 不是 8 的倍数且是 9 的倍数，则说明 a 是美丽数字，将计数器 k 加 1。对应代码为 if (a % 8 != 0 && a % 9 == 0) { k += 1; }。

5. 使用 printf() 输出美丽数字的数量：printf("%d", k);。

【代码实现】

```
1   #include <cstdio>
2   int main() {
3       int n;
4       scanf("%d", &n);
5       int k = 0;
6       int a;
7       for (int i = 1; i <= n; i++) {
8           scanf("%d", &a);
9           if (a % 8 != 0 && a % 9 == 0) {
10              k += 1;
11          }
12      }
13      printf("%d", k);
14      return 0;
15  }
```

2024 年 12 月一级真题解析

1 选择题

1. C【解析】2024 年诺贝尔物理学奖揭晓，美国普林斯顿大学科学家约翰·霍普菲尔德（John J. Hopfield）和加拿大多伦多大学科学家杰弗里·辛顿

（Geoffrey E. Hinton）获奖，以表彰他们"基于人工神经网络实现机器学习的基础性发现和发明"。

2. C【解析】本题考查计算机基础知识。A 选项，高德地图是一个地图软件；B 选项，腾讯会议是一个会议软件；C 选项，纯血鸿蒙是一个操作系统；D 选项，金山永中是一个办公软件；因此，正确答案选择 C 选项。

3. D【解析】本题考查格式化输出函数的使用。A 选项，双引号内可以有汉字。B 选项，双引号改为单引号会导致输出效果改变。C 选项，双引号改为三个连续的单引号会导致输出效果改变。其实际上是"（空字符）+'Hello,GESP!'+"（空字符），等价于选项 B。D 选项，双引号改为三个连续的双引号，输出效果不变。其实际上是""（空字符）+"Hello,GESP!"+""（空字符），等价于题目所示。

4. B【解析】本题考查算术运算和逻辑运算。运算符的优先级：！（逻辑非）> 算术运算符 > 关系运算符 >&&（逻辑与）>||（逻辑或）> 赋值运算符。表达式为 12 - 6 && 2，等价于 6 && 2。由于非 0 值都被看作为 true，因此关系表达式 6 && 2 的结果为 true，其数值形式为 1。

5. B【解析】本题考查算术运算符。当 N 的值为 2 时，N/3 的结果为 0，N%3 的结果为 2，最终输出的值为 2。

6. D【解析】本题考查输出语句。输出语句会将双引号中的内容原样输出，则正确结果为 1 7%3 7%3={7%3}。

7. B【解析】本题考查选择结构。注意到第 8 行输出为"星期天"，则第 7 行应正确判断当前这天是星期天。理解题意，当 N%7 == 0 时，代表当前这天为"星期天"，则横线处应填写 N%7 == 0。

8. C【解析】本题考查循环结构。循环会执行 9 次，则循环结束时 N 的值变为 9，且循环变量 i 的值变为 10，最终输出 N+i 的值为 19。

9. C【解析】本题考查循环结构。观察到循环体语句 tnt += i % 10;实际上是在计算当前循环变量 i 的个位的累加和。循环变量 i 从 0 开始到 99 结束，且 99 为最后一次循环。这可以分为 10 组，每组为 0+1+2+3+4+5+6+7+8+9=45，最终的结果为 10 * 45 =450。

10. C【解析】本题考查循环结构。循环变量 i

可能的取值为 5,10,15,20,25,30,…, 95。当 i 为偶数时，会执行 continue 语句并跳入下一次循环；当 i 为奇数时，会使 tnt += 1 执行 1 次；当 i >= 50 且 i 为奇数时，会结束循环。因此，当 i 取值为 5,15,25,35,45,55 时，各会执行 1 次 cnt += 1。最终 cnt 的值为 6。注意，当 i = 55 时，会执行 break 结束循环。

11. D【解析】本题考查选择结构。N 被 3 整除可以写为 N % 3 == 0 且为偶数，则表达式为 (N%2==0)&&(N%3==0)。

12. C【解析】本题考查循环结构。cnt 变量初始值为 0，循环变量 i 初值为 1，每次增加 2，则 cnt = 0 + 1 + 3 + 5 + 7 + 9 = 25。

13. D【解析】本题考查变量的应用。题目要求使得周长增加 4，则让边长 a 增加 1 即可，表达式 ++a 可实现该要求。A、B、C 选项只进行了算术运算，并没有对边长 a 进行修改，因此周长都不变。

14. B【解析】本题考查关系运算和算术运算。有圆括号应先算括号内的内容，表达式(6>2)的结果为 true，其值为 1，则表达式(6>2) * 2 = 1 * 2 = 2。

15. D【解析】本题考查循环结构的应用——拆数位思想。查看第 6 行的 if 语句，当 n1 >= n2 时，输出 0，此时应为不满足的情况，因此 n1 应为前一位，n2 为后一位。第 11 行将 n1 的值赋给 n2，再执行 N /= 10，舍去 N 的末尾。由于第一次循环进行 n1、n2 的比较时，n2 并没有值，因此横线处应对 n2 进行赋值，其值应为 N 的个位，然后舍去 N 的个位。应填写 n2 = N % 10, N /= 10。

2 判断题

16. 正确【解析】本题考查快捷键。复制的快捷键是 Ctrl+C，粘贴的快捷键是 Ctrl+V。

17. 正确【解析】本题考查算术运算符。8/3 的结果为 2，8%3 的结果也为 2，值相同。

18. 错误【解析】本题考查变量的概念；X 并不是 C++语言的基本类型变量，基本类型变量包括 int、char、float、double 等。

19. 错误【解析】本题考查循环结构。由于 continue 语句的特性，会跳过循环体的后续语句，进入下一次循环，则语句 N += 1 一次都不会执行，最终输出 N 的值为 0。

20. 错误【解析】本题考查循环结构。由于 continue 语句的特性，会跳过循环体的后续语句，直接进入下一次循环。循环结束时，i 的值为 101。最终输出 i 的值为 101。

21. 错误【解析】本题考查循环结构。注意到循环的步进语句为 i+=3，因此 i 可能的取值为 0、3、6、9，循环共执行 4 次输出。

22. 错误【解析】本题考查逗号表达式。逗号表达式会返回最后一个表达式的值，即 2。最终会输出 2。

23. 正确【解析】本题考查变量的命名规范。根据变量的命名规则：1.只能包含大小写字母、数字、下画线；2.必须以大小写字母或者下画线开头；3.不能使用 C++的指令或关键字。这 3 个变量名都是合法的变量名。

24. 错误【解析】本题考查科学记数法与浮点数类型。输入 2e-1，表示 2 * 10-1，即 0.2，因此变量 f 的值为 0.2。表达式 f<1 成立，结果为 true，输出 true 的数值形式为 1。

25. 错误【解析】本题考查 break 语句与 continue 语句的作用。break 语句和 continue 语句的作用不会相互抵消。程序按照顺序结构执行，具体执行效果取决于 break 语句和 continue 语句在代码中的位置，先出现的语句会先被执行。

3 编程题

26.【解析】

1. 题目需要输入一个浮点数，所以我们需要定义一个浮点型变量 K，表示开尔文温度，即 double K;。

2. 利用 scanf()进行输入，注意浮点型变量对应占位符为%lf，即 scanf("%lf", &K);。

3. 定义一个浮点型变量 C，表示摄氏温度，并根据题目给出的公式进行计算，即 double C = K - 273.15;。

4. 定义一个浮点型变量 F，表示华氏温度，并根据题目给出的公式进行计算，即 double F = C * 1.8 + 32;。

5. 比较华氏温度是否大于 212。

若华氏温度大于 212，则输出 Temperature is too high!，即 if (F > 212) printf("Temperature is too high!");；

否则，输出摄氏温度和华氏温度，中间以空格分隔，

即 else printf("%.2lf %.2lf", C, F);。

【代码实现】

```
1  #include <cstdio>
2  int main() {
3      double K;
4      scanf("%lf", &K);
5      double C = K - 273.15;
6      double F = C * 1.8 + 32;
7      if (F > 212)
8          printf("Temperature is too high!");
9      else
10         printf("%.2lf %.2lf", C, F);
11     return 0;
12 }
```

27.【解析】

1. 定义 4 个整型变量 n、x、j、o，分别表示正整数的个数、每次输入的正整数、奇数的个数和偶数的个数，即 int n, x, j, o;。

2. 利用 scanf()函数进行输入，即 scanf("%d", &n);。

3. 使用 for 循环从 1 到 n，逐次读取每个正整数，即 for (int i = 1; i <= n; i++)。

4. 使用 scanf()函数读取当前正整数并存储到 x 中，即 scanf("%d", &x);。

5. 通过判断 x % 2 == 0 来确定 x 是否为偶数。如果是偶数，则 o（偶数个数）加 1，即 if (x % 2 == 0) { o++; }。

6. 否则 j（奇数个数）加 1，即 else { j++; }。

7. 利用 printf()输出奇数的个数和偶数的个数，即 printf("%d %d", j, o);。

【代码实现】

```
1  #include <cstdio>
2  int n, x, j, o;
3  int main() {
4      scanf("%d", &n);
5      for (int i = 1; i <= n; i++) {
6          scanf("%d", &x);
7          if (x % 2 == 0) {
8              o++;
9          } else {
10             j++;
11         }
```

```
12          }
13      printf("%d %d", j, o);
14      return 0;
15  }
```

2024 年 9 月二级真题解析

1 选择题

1. A【解析】磁心存储器是一种早期的随机存取存储器（RAM），在断电后会丢失数据，其设计存取周期为 2 微秒，具有较快的访问速度，这与内存的特性一致。磁盘存储则不具备如此高的存取速度，其主要特点是大容量和非易失性，即断电后数据不会丢失。

2. C【解析】IPv4 版本的 A 类地址网络号占 1 字节（8 位），首位必须是 0。全 0 和全 1 这两种情况被保留用于特殊目的（网络地址和广播地址），因此总共可用的 A 类地址为 $2^7 - 2 = 126$ 个。

3. A【解析】有效的变量名由大小写字母、数字和下画线组成，且长度不限，首字符不能为数字。此外，C++ 中有一些关键字被保留，不能用作变量名。A 选项因包含非法字符 '-'（连字符）而不符合 C++ 变量命名规则。

4. C【解析】原始循环：for(int i = 1; i < 10; i++)，循环变量 i 从 1 开始，到 9 结束，共执行 9 次。A 选项从 0 到 9，共执行 10 次，不等效。B 选项从 0 到 10，共执行 11 次，不等效。C 选项从 1 到 9，共执行 9 次，且前置递增和后置递增对结果无影响，因此效果相同。D 选项从 0 到 10，共执行 11 次，不等效。

5. C【解析】先进行除法和取模运算：表达式 5 / 2 求 5 除以 2 的商，结果为 1（整数除法，舍去小数部分）。表达式 5 % 3 求 5 除以 3 的余数，结果为 2。然后进行加法运算：1 + 2。

6. D【解析】A 选项：a 和 b 均为整型。输入 -2 后 a = -2，输入 3.14 会被截断为整数部分，即 b = 3，输出结果为 -2 + 3 = 1。B 选项：a 和 b 均为浮点型。输入 -2 后 a = -2.0，输入 3.14 后 b = 3.14，输出结果为 -2.0 + 3.14 = 1.14。C 选项：a 为字符类型，b 为整型。输入 -2 后 a = '-', b = 2，在执行加法时 a 被转换为 ASCII 码值 45，输出结果为 45 + 2 = 47。D 选项：

默认情况下，cin 不会抛出异常，而是设置错误状态标志。

7. A【解析】十进制数满 10 进 1，个位的位权为 $10^0 = 1$，十位的位权为 10^1，百位的位权为 10^2，第 N 位的位权为 10^{N-1}。该数的数值等于每位的数值乘以位权之和。将其分解为 N = k * 10 + r，其中 k 是除去个位后的部分，r 是个位数。

8. A【解析】第一次迭代时，i = 0，检查条件 i % 2，因为 0 % 2 = 0，条件为假，不执行 break，执行 cout << "0#"；输出 0#，i 的值增加为 1。第二次迭代时，i = 1，检查条件 i % 2，因为 1 % 2 = 1，条件为真，执行 break 跳出循环。由于跳出循环，此时 i = 1 不满足 if(i == 10) 条件，因此最终输出结果为 0#。

9. C【解析】用户输入 a = 1 和 b = 0。程序首先检查 if(a && b) 条件，因为 a = 1 和 b = 0，所以 a && b 为假，不输出 1。接着检查 else if (!(a || b)) 条件，因为 a 为真，所以 a || b 为真，取反后为假，不输出 2。然后检查 else if (a || b) 条件，因为 a 为真，所以 a || b 为真，满足条件，输出 3。最后的 else 不会被执行。

10. B【解析】初始化 loopCount 为 0。for 循环从 i = 1 开始，条件是 i < 5，每次迭代 i 增加 2。第一次迭代：i = 1，条件满足（1 < 5），进入循环体，loopCount 加 1，变为 1。第二次迭代：i = 3，条件满足（3 < 5），进入循环体，loopCount 再加 1，变为 2。第三次迭代：i = 5，条件不满足（5 >= 5），退出循环。最终输出 loopCount 的值为 2。

11. C【解析】根据给定的输出格式，每行的数字从当前行号开始，到当前行号乘以 2。因此，内层循环的条件应该是 j = i; j < i * 2; j++。

12. A【解析】使用变量 rst 存储结果。每次取出原数最右边的一位数字，并将其加到结果中。将原数字去掉最右边的一位，继续上述过程直到数字为 0。rst = rst * 10 + N % 10：将当前结果向左移动一位并加上新提取的位数字。N = N / 10：去掉原数字的最右边一位。

13. A【解析】在 C++ 中，while(1) 中的 1 会被转换为 true，这是一种常见的无限循环写法，没有语法错误。

14. B【解析】判断一个数是否为质数，即检查从 2 到 num-1 是否有任何数能整除 num。在循环中使用条件 if(num % i == 0)来检查 i 是否为 num 的因子。如果存在这样的数，则 num 不是质数。

15. A【解析】A/D 选项：删除 break 语句不会导致死循环，只会影响效率。B 选项：正确，如果没有 M/= 10，M 永远不会变成 0，循环将永远进行下去。C 选项：正确，修改后可以在 while 循环前输出 N。

2 判断题

16. 正确【解析】C++ 是一门支持面向对象编程的高级语言。

17. 错误【解析】在 C++ 中，逗号运算符（,）的作用是计算所有表达式并返回最后一个表达式的值。因此，(3, 4, 5)实际上等价于 5，最终输出的结果是 5。

18. 正确【解析】首先计算 10 % 2 = 0，然后计算 2 % 10 = 2，最终结果是 2。

19. 错误【解析】rand()函数用于生成伪随机数，但无法保证两次调用的返回值之间的大小关系。

20. 错误【解析】字符'1'的 ASCII 值是 49。当将字符'1 '转换为整数时，实际上是获取它的 ASCII 编码值，而不是其字面上的数值。因此，int('1')的结果是 49，而不是 1。

21. 正确【解析】变量 i 被初始化为 0。只要 i < 10 为真，循环将继续。每次迭代时，i 增加 1(i++)。continue 语句使得循环体内的其他操作被跳过，直接进入下一次迭代。当 i 达到 10 时，条件 i < 10 不再满足，循环终止，此时 i 的值为 10，因此最终输出 10。

22. 错误【解析】变量 Sum 没有被初始化为 0。Sum 持有一个未定义的初始值，从而导致最终结果无法确定。

23. 正确【解析】无论是从 i = 1 到 i < 5，还是从 i = 0 到 i < 5，最终累加到 loopCount 的总和都是 10。

24. 正确【解析】在每次迭代中，将当前的 start1 与 start2 相加得到 tmp。然后更新 start1 和 start2 的值，使得 start1 变为之前的 start2，start2 变为新的和 tmp。这个过程模拟了斐波那契数列的生成方式，从第三个数开始，每个数都是前两个数之和。最终输出的是第 N 个数的值，即 start2。

25. 错误【解析】flag 的值在 0 和 1 之间交替。如果 flag 为 0，则输出 N 的最后一位数字（即 N %

10）。该程序的实际输出是 40，而不是题目所述的 4202。

3 编程题

26.【解析】先读取正整数的数量 n，然后逐个读取这 n 个正整数并存入变量 a 中，计算每个 a 的各位数字之和并存储在 sum 中。如果 sum 是 7 的倍数，则输出 Yes；否则输出 No。

【代码实现】

```
1  #include <cstdio>
2  int main() {
3      int n; // n 个数
4      scanf("%d", &n);
5      while (n--) {
6          int a; // 将每一次的数值存入
                  // 变量 a 中
7          scanf("%d", &a);
8          int sum = 0; // sum 用来存储
                        // 当前数字 a 的
                        // 数位之和
9          while (a > 0) { // 取 a 的每
                          // 一位数字
10             sum += a % 10; // sum 加
                             // 上 a 的
                             // 末尾位
11             a /= 10;    // a 舍去末尾位
12         }
13         if (sum % 7 == 0) // 如果 a 的
                            // 数位之和
                            // sum 为 7，
                            // 则输出
                            // Yes；否
                            // 则，输出
                            // No
14             printf("Yes\n");
15         else
16             printf("No\n");
17     }
18     return 0;
19 }
```

27.【解析】

1. 定义一个整型变量 n，用于存储输入的矩阵大小 m。

2. 外层循环控制矩阵的行数，从 1 到 n，遍历每一行。

3. 内层循环控制矩阵的列数，从 1 到 n，遍历每一列。

4. 使用 if 语句判断当前位置(i,j)是否满足以下条件之一：

- ☑ j==1：当前列是第一列。
- ☑ j==n：当前列是最后一列。
- ☑ i==j：当前位置在主对角线上。
- ☑ 如果满足上述条件之一，则输出+；否则输出-。

5. 在内层循环结束后，输出一个换行符，以便开始下一行的输出。

【代码实现】

```
1  #include <cstdio>
2  int main() {
3      int n;
4      scanf("%d", &n);
5      for (int i = 1; i <= n; i++) {
6          for (int j = 1; j <= n; j++) {
7              if (j == 1 || j == n || i == j) {
8                  printf("+");
9              } else {
10                 printf("-");
11             }
12         }
13         printf("\n");
14     }
15     return 0;
16 }
```

2024 年 12 月二级真题解析

1 选择题

1. C【解析】2024 年诺贝尔物理学奖揭晓，美国普林斯顿大学科学家约翰·霍普菲尔德（John J. Hopfield）和加拿大多伦多大学科学家杰弗里·辛顿（Geoffrey E. Hinton）获奖，以表彰他们"基于人工神经网络实现机器学习的基础性发现和发明"。

2. A【解析】本题考查计算机基础知识。计算机系统中存储的基本单位用 B 来表示，它代表的是 Byte（字节）。

3. D【解析】本题考查算术运算符及运算顺序。先计算取余和乘法，然后计算加法和减法，表达式变为 3 + 0 - 1，其结果为 2，最终输出的值为 2。

4. B【解析】本题考查循环结构。循环变量 i 的初始值为 0，循环条件为 i < 10，循环步进语句为 i++，输出的第一个数字是 0，输出的最后一个数字是 9。

5. D【解析】本题考查循环结构以及变量的定义细节。注意到整型变量 tnt 并没有初始化，因此其内部存储的是一个随机值，代码执行后将输出不确定的值。

6. B【解析】本题考查循环结构。该段代码根据 i 的奇偶性来执行不同操作。第一次循环，i = 1，i 为奇数，执行 continue 语句，跳过本次循环体的后续语句进入下一次循环，i 的值变为 2。第二次循环，i = 2，i 为偶数，执行 break 语句，结束循环。最终输出 i 的值为 2。

7. C【解析】本题考查循环结构和选择结构。当 i 不是 3 的倍数时，会执行 continue；当 i 是 3 的倍数时，会输出 0#。在 0～10 的范围内共有 i = 0、i = 3、i = 6、i = 9 这 4 种情况会输出 0#，且循环结束时 i = 10，满足第 7 行 if 语句的条件表达式并输出 1#。所以最终输出 0#0#0#0#1#。

8. C【解析】本题考查条件表达式。题目要求输出 0～100（包含 100）的能被 7 整除但不能被 3 整除的数。正确的判断条件为 i % 7 == 0 && i % 3 != 0。选项 A、B、D 都满足该条件。C 选项判断的是不能被 7 整除且不能被 3 整除的数，并不符合题目要求。

9. D【解析】本题考查循环结构拆数位思想。A、B、C 选项均是将 N % 10 的结果累加到 tnt 变量中，符合题目要求。D 选项，表达式 tnt = N % 10 只求出了当前这一位的值，并没有进行累计求和。

10. A【解析】本题考查嵌套循环结构。注意到内层循环次数由外层循环变量 i 的值决定。外层第 1 次循环，i = 0，内层循环条件不满足，执行 0 次，无输出。外层第 2 次循环，i = 1，内层循环执行 1 次，输出 0；外层第 3 次循环，i = 2，内层循环执行 2 次，输出 01；外层第 4 次循环，i = 3，内层循环执行 3 次，输出 012；外层第 5 次循环，i = 4，内层循环执行 4 次，输出 0123；外层第 6 次循环，i = 5，此时循环条件不成立，循环结束。最终输出0010120123，因此，正确答案选择 A 选项。

11. A【解析】本题考查嵌套循环结构。A 选项，将 L1 的语句移到 L2 所在行，会导致乘法表每行只有一个式子，不能实现图示的效果，因此 A 选项错误。B 选项，printf("%c",'\n')也是输出换行符的一种方式，与 printf("\n")效果相同，B 选项正确。C 选项，Lie * Hang > 9 实际上是在判断运算的结果是否为一个两位数，与 Lie * Hang >= 10 的效果相同，C 选项正确。D 选项，交换乘法运算符左右两边的操作数，表达式的结果并不改变，效果相同，D 选项正确。

12. D【解析】本题考查运算符的使用。nowNum *= i 等价于 nowNum = nowNum * i；tnt += nowNum 等价于 tnt = tnt + nowNum。D 选项中，由于变量 tnt 的初始值为 0，将其进行乘法运算会导致结果一直为 0，并不能实现题目要求。

13. B【解析】本题考查循环结构与循环结构的界限问题。题目中要求输出 N~M 的孪生素数，且第 5 行判断的是 i 和 i+2，则应保证 i+2 不超过 M，即 i+2 <= M。等价于 i <= M - 2 或者 i < M - 1。

14. D【解析】本题考查循环结构的使用——图形打印。已知输入的 height = 5，观察图形，图形的最后一行前面没有空格，所以第 7 行的循环应该执行 0 次。最后一行输出时，外层循环变量 i = 4，应选择使第 7 行循环执行 0 次的表达式。考虑 height = 5，i = 4 时，第 7 行循环的执行次数：A、C 选项，height - i = 1，该循环会执行 1 次，不符合要求。B 选项，height = 5，不符合要求。D 选项，height - i - 1 = 0，符合要求。

15. C【解析】本题考查数学函数。A 选项，max(max(a, b), c)的值为 a、b、c 的最大值，即 30；B 选项，min(a + b, c)的值为 30；C 选项，sqrt(a + b + c)的值为 sqrt(60)，约为 7.7，并不为 30；D 选项，(a + b + c) / 2 的结果为 30。

2 判断题

16. 正确【解析】本题考查快捷键。复制的快捷键是 Ctrl+C，粘贴的快捷键是 Ctrl+V。

17. 正确【解析】本题考查算术运算符。N / 10 * 10 的结果为 N 向下取整十倍数的值。因此，表达式 N - N / 10 * 10 可以求出 N 的个位数。

18. 正确【解析】本题考查关系运算符。当 N 为 12，表达式 10 <= N 的结果为 true，且 true 的数值为 1，1 <= 12 的结果也为 true。最终会输出 true 的数值形式 1。

19. 正确【解析】本题考查数学函数与类型转换。如果 int(sqrt(N)) * int(sqrt(N)) == N 的值为 true，说明在强制类型转换的过程中并没有精度丢失，则 sqrt(N)的结果没有小数，说明 N 是一个完全平方数。

20. 错误【解析】本题考查格式化输出函数。在格式化输出中，% 一般作为通配符使用，如果想输出单个 %，则需要 printf("%%")。因此，语句 printf("%%a*%%b=%d", a * b);会输出%a*%b=6。

21. 错误【解析】本题考查变量的命名规范。下画线（_）可以作为变量名，并不会导致错误。

22. 错误【解析】本题考查顺序结构。由于程序是按照顺序执行的，且 continue 语句比 break 语句靠前，则循环并不会执行到 break 语句。因为会在执行 break 语句前执行 continue 语句，跳过本次循环体的后续语句进入下一次循环，一直到循环条件不成立，最终输出 i 的值为 10。

23. 正确【解析】本题考查嵌套循环结构。我们根据外层循环变量 i 的值累计内层循环执行了几次，最终就会输出多少行"OK"。i = 8，内层循环执行 8 次，i 变为 6；i = 6，内层循环执行 6 次，i 变为 4；i = 4，内层循环执行 4 次，i 变为 2；i = 2，外层循环条件不成立，循环结束。最终内层循环共执行了 8 + 6 + 4 = 18 次，会输出 18 行"OK"。

24. 正确【解析】本题考查选择结构。i = 1 调整为 i = 0，即循环会多执行一次 i = 0 的情况，但 i = 0 并不满足第 4 行的 if 语句条件表达式，所以输出的结果不变。

25. 正确【解析】本题考查循环结构之间的转换；这两段代码都是求 1 到 10 的和，其结果均为 55，表明 for 循环和 while 循环可以相互转化。

3 编程题

26.【解析】通过阅读题目可知，开根号再开根号求出四次方根，然后取整验证即可。

1. 定义一个整型变量 t，用于存储测试数据的组数，即 int t;。

2. 利用 scanf()函数进行输入，即 scanf("%d",

&t);。

3. 使用 for 循环遍历每一组测试数据，循环变量 i 从 1 到 t，即 scanf("%d", &t);。

4. 定义一个整型变量 a，用于存储输入的正整数，即 int a;。

5. 利用 scanf()进行输入，即 scanf("%d", &a);。

6. 使用 sqrt()函数计算 a 的四次方根，并将结果转换为整数类型存储在变量 b 中，即 int b = (int)(sqrt(sqrt(a)));。

7. 判断计算得到的 b 的四次方是否等于 a。如果相等，则说明存在满足条件的 b，利用 printf()函数输出 b，即 if(b*b*b*b==a) printf("%d\n", b);。

8. 否则，输出-1，即 else printf("-1\n");。

【代码实现】

```
1   #include <cstdio>
2   #include <cmath>
3   int main() {
4       int t;
5       scanf("%d", &t);
6       for (int i = 1; i <= t; i++) {
7           int a;
8           scanf("%d", &a);
9           int b = (int)(sqrt(sqrt(a)));
10          if (b * b * b * b == a)
11              printf("%d\n", b);
12          else
13              printf("-1\n");
14      }
15      return 0;
16  }
```

27.【解析】

1. 定义一个整型变量 n，用于存储正整数的个数，并使用 scanf()函数从标准输入读取 n 的值。

2. 定义一个整型变量 mx，用于存储数位和的最大值，并初始化为 0，即 int mx = 0;。

3. 使用 for 循环遍历 n 个正整数，即 for (int i = 1; i <= n; i++)。

4. 定义一个整型变量 sum，用于存储当前正整数的数位和，并将其初始化为 0，即 int sum = 0;。

5. 定义一个 long long 类型的变量 cur，用于存储当前读取的正整数，即 long long cur;。

6. 使用 while 循环计算 cur 的数位和。在每次循环中，将 cur 的个位数字加到 sum 中，并将 cur 除以 10，以去掉个位数字。

7. 使用 max()函数更新 mx，使其等于 mx 和 sum 中的较大值，即 mx = max(mx, sum);。

【代码实现】

```
1   #include <bits/stdc++.h>
2   using namespace std;
3   int main() {
4       int n;
5       scanf("%d", &n);
6       int mx = 0;
7       for (int i = 1; i <= n; i++) {
8           int sum = 0;
9           long long cur;
10          scanf("%lld", &cur);
11          while (cur > 0) {
12              sum += cur % 10;
13              cur /= 10;
14          }
15          mx = max(mx, sum);
16      }
17      printf("%d", mx);
18      return 0;
19  }
```

GESP 一级模拟卷 1 解析

1 选择题

1. C【解析】计算机语言分为三种：机器语言、汇编语言和高级语言。

2. D【解析】计算机发展史的正确顺序为：电子管时代→晶体管时代→集成电路时代→超大规模集成电路时代。

3. A【解析】本题考查 C++语言中变量的定义与使用。根据变量的命名规则：只能包含大小写字母、数字和下画线；必须以字母或下画线开头；不能使用 C++的关键字。

4. B【解析】根据运算优先级，首先计算括号内的表达式，括号内先计算乘法后计算减法，得到 3 * 2 = 6，42 - 6 = 36，最后计算 36/10。在 C++中，当参与除法运算的操作数均为整型时，结果也是整型，因此结果为 3。

5. C【解析】对于 float 类型变量 f，若输出其值并保留两位小数，正确的输出语句为：printf("%.2f", f)。

6. A【解析】A 选项中，^在 C++中是按位异或运算符，而非乘方运算符。B 和 C 选项中，a*a 和 a*a*a 的结果均为 a 的倍数，不会发生整除，因此 B 和 C 选项的结果均为正方形的面积。D 选项中，a*a 为正方形的面积。

7. D【解析】对于第 3 行的 if 语句，当循环变量 i 为偶数时，第 5 行和第 6 行才会执行。第一次循环时，循环变量 i 的值为 0，if 语句的条件成立，变量 cnt 的值变为 1，循环变量 i 的值变为 3，之后执行循环步进语句，循环变量 i 的值变为 2。第二次循环时，循环变量 i 的值为 2，if 语句的条件成立，变量 cnt 的值变为 2，循环变量 i 的值变为 5，之后执行循环步进语句，循环变量 i 的值变为 4。以此类推，第 10 次循环时，循环变量 i 的值为 18，if 语句的条件成立，变量 cnt 的值变为 10，循环变量 i 的值变为 21，之后执行循环步进语句，循环变量 i 的值变为 20。循环条件 i < 20 不成立，结束循环。最终 cnt 的值为 10。

8. B【解析】当 x = 2 时，switch 语句会匹配到第 4 行的 case 块，然后执行该 case 块内的语句，输出 2。由于该 case 块中没有 break 语句，所以会发生 switch-case 语句的贯穿现象，继续执行下一个 case 块中的语句，输出 3，然后执行第 5 行的 break 语句，结束 switch 语句。

9. C【解析】注意阅读程序，程序输出可能与实际不符。输入-2 后，会执行第 8 行的输出语句，输出 x 大于 0。

10. A【解析】循环变量 i 从 0 到 9，当 i 为偶数时，累加到 cnt1 变量中，即 cnt1 = 0 + 2 + 4 + 6 + 8 = 20。注意到 continue 语句在 cnt2 += i 之前，所以 cnt2 的值为 0。

11. D【解析】考查 do...while 循环的使用。本题计算 9 + 8 + 7 + 6 + 5 + 4 + 3 + 2 + 1 + 0 + (-1)的和为 44。

12. C【解析】A 选项中，在 C++中非零值即为真。B 选项中，false || true 的结果为真。C 选项中，!a 的逻辑值为 true，值为 1，表达式 1 == 0 为 false，表达式 b > 1 为 false，因此 false || false 的结果为假。D 选项中，!a 的逻辑值为 true，值为 1，表达式 1 ==

1 为 true，表达式 b < 1 为 false，因此 true || false 的结果为真。

13. A【解析】观察到 0、21、42 都是 3 和 7 的公倍数，因此正确选项为 A。

14. B【解析】本题考查运算符。由于求余运算并不能根据结果确定运算前的值，我们可以尝试将答案代入题目中进行运算，正确答案为 B 选项。

15. C【解析】当 n 的值为 5 时，第 2 行 if 语句和第 4 行 if 语句都满足，因此应输出 larger than 3 less than 8。

2 判断题

16. 正确【解析】(i % 2) 和 (i % 2 == 1)在 i 为奇数时为真，i 为偶数时为假。

17. 正确【解析】算术运算符包括题目中的 7 种。

18. 错误【解析】不可以将变量命名为 25_GESP，因为变量名不能以数字开头。

19. 错误【解析】注意阅读程序，循环变量 i 的初值为 3，循环步进语句为 i += 5，因此循环执行最后一次的输出结果为 98。

20. 错误【解析】x++是后置自增，先运算后自增。++x 是前置自增，先自增后运算。因此正确的结果为 3 + 5 = 8。

21. 正确【解析】三种循环的使用方式不同，但其本质都是循环结构，所以可以相互转化。

22. 错误【解析】字符'1'的 ASCII 值为 49，因此表达式左边的和为 54，并不等于表达式右侧的值 6，所以整体表达式的结果为假。

23. 正确【解析】do-while 循环会先执行循环体，然后判断 while 内的条件，因此一定会比 while 循环多执行一次循环体。

24. 错误【解析】并非只有 1 才能代表真。在 C++语言中非零值为真，只有 0 为假。

25. 错误【解析】第一段代码中的 if-else 结构考虑了 a == 0 的情况，而第二段代码没有对 a == 0 的情况进行考虑。因此，当输入的 a 为 0 时，第一段代码输出 2，第二段代码没有输出。

3 编程题

26.【解析】

1. 题目要求计算一组数字中奇数和偶数的和，

因此需要先读取数字的个数 n, 然后读取 n 个整数。

2. 定义两个变量分别用于存储奇数的和 odd_sum 和偶数的和 even_sum, 初始值都为 0。

3. 遍历输入的 n 个数字, 对于每个数字, 判断它是奇数还是偶数。如果是奇数, 将其加到 odd_sum 中; 如果是偶数, 将其加到 even_sum 中。

4. 判断奇偶的方法是: 如果数字 x 满足 x%2==0, 则为偶数; 否则为奇数。

5. 最后分别输出奇数和与偶数和。

【代码实现】

```
1  #include <cstdio>
2  int main() {
3      int n;
4      scanf("%d", &n);
5      int odd_sum = 0, even_sum = 0;
6      for (int i = 0; i < n; i++) {
7          int x;
8          scanf("%d", &x);
9          if (x % 2 == 0) {
10             even_sum += x;
11         } else {
12             odd_sum += x;
13         }
14     }
15     printf("%d\n", odd_sum);
16     printf("%d\n", even_sum);
17     return 0;
18 }
```

27.【解析】

1. 题目要求判断一个正整数是否为"优雅"的数, 即判断该数的每一位数字是否都小于它的个位数字。

2. 首先需要读取输入的正整数 n。

3. 为了判断每一位数字是否小于个位数字, 需要将数字逐位分离出来。可以通过取模(%)和整除(/)操作来实现。

4. 首先提取出个位数字 last_digit, 然后从最高位开始逐位检查, 如果发现某一位数字大于或等于个位数字, 则该数不是"优雅"的数, 直接输出"NO"。

5. 如果所有位上的数字都小于个位数字, 则输出"YES"。

【代码实现】

```
1  #include <cstdio>
2  int main() {
3      int n;
4      scanf("%d", &n);
5      int last_digit = n % 10;
6      int temp = n / 10;
7      while (temp > 0) {
8          int digit = temp % 10;
9          if (digit >= last_digit)
10         {
11             printf("NO\n");
12             return 0;
13         }
14         temp /= 10;
15     }
16     printf("YES\n");
17     return 0;
18 }
```

GESP 一级模拟卷 2 解析

1 选择题

1. C【解析】C++语言的变量命名规则: 只能由字母、数字、下画线组成, 且数字不能作为开头, 同时需要避开 C++的关键字。

2. D【解析】在 Dev-C++中, 若要生成并执行可执行程序, 应选择"编译运行"功能。

3. A【解析】A 选项错误, int 是一个类型名, 而不是一个函数, 因此不能像函数调用那样使用。B 选项正确, 它使用 C 风格的类型转换, 将浮点数 3.14 转换为整数。C 选项正确, 它使用 C++的函数样式类型转换, 将浮点数 3.14 转换为整数。D 选项正确, 它使用 C 风格的类型转换, 并且包含了额外的括号, 但仍然是有效的。

4. A【解析】根据优先级顺序进行计算: 先计算括号内的表达式, 3 * 5 % 8 的结果为 7, 然后计算除法, 7 / 2 的结果 3, 最后计算减法, 3 - 3 的结果为 0。

5. B【解析】先计算求余, N % 3 的结果为 2, 随后计算减法, 20 - 2 = 18。

6. C【解析】循环具体执行步骤如下: 初始状

态，i=1，N=10，sum=0。第一次循环，i=1，N=10，循环条件i<N为真，执行循环体，sum的值变为1，N的值变为9，执行步进语句，i变为2。第二次循环，i=2，N=9，循环条件i<N为真，执行循环体，sum的值变为3，N的值变为8，执行步进语句，i变为3。第三次循环，i=3，N=8，循环条件i<N为真，执行循环体，sum的值变为6，N的值变为7，执行步进语句，i变为4。第四次循环，i=4，N=7，循环条件i<N为真，执行循环体，sum的值变为10，N的值变为6，执行步进语句，i变为5。第五次循环，i=5，N=6，循环条件i<N为真，执行循环体，sum的值变为15，N的值变为5，执行步进语句，i变为6。第六次循环，i=6，N=5，循环条件i<N为假，结束循环。因此最终输出的sum值为15。

7. A【解析】当输入N为24时：第3行if语句条件表达式为真，执行第4行语句，N的值变为25；第5行if语句的条件表达式为真，执行第6行语句，N的值变为12；最后执行第7行输出语句，输出N%4的值，即12%4=0，结果为0。

8. B【解析】代码执行步骤如下：当i=1（奇数）时，result更新为result-1=0-1=-1；当i=2（偶数）时，result更新为result+2*2=-1+4=3；当i=3（奇数）时，result更新为result-3=3-3=0；当i=4（偶数）时，result更新为result+4*2=0+8=8；当i=5（奇数）时，result更新为result-5=8-5=3；最终result结果为3。

9. C【解析】第4行的if语句，只有当前变量i为2和3的公倍数时表达式才为假，其余所有数字都会被累加到变量sum中，因此sum的值为0+1+2+3+4+5+7+8+9+10=49。因此正确答案选择C选项。

10. D【解析】当输入的N为10时，由于if语句中的表达式N%3始终为真，所以程序实际上是求1到N的和，即sum=0+1+2+3+4+5+6+7+8+9+10=55。因此正确答案选择D选项。

11. B【解析】当表达式为真时，仅有B选项能确定int类型变量N的值为10。A选项，只要N是2和5的公倍数，表达式即为真。C选项，只要N>9或者N<11，两者满足其一，表达式即为真。D选项，只要N是2的倍数或者5的倍数，表达式即为真。

12. B【解析】首先，(a>b)检查a是否大于b。由于a的值为5，b的值为10，所以这个表达式的结果为false。然后，(a<b&&a!=0)检查a是否小于b并且a不等于0。由于a的值为5，b的值为10，所以a<b的结果为true，并且a!=0也成立，所以整个表达式的结果为true。由于逻辑或运算符||只要有一个操作数为true，整个表达式的结果就为true。因此，表达式的值为true。

13. D【解析】按照算术运算符计算的优先级，先计算乘法和除法，然后计算加法和减法，得到10+6-2=14。注意题目中等号后有一个空格。

14. A【解析】观察第一个数字是2，则i的初始值对3求余的结果应该为2，B、D选项排除。C选项，for循环的更新部分为i+1，i的值不变，不能输出题目中的结果。

15. D【解析】初始时，N为0，输出start:后，N从1到5，满足循环条件N<=5，依次输出N的值。因此，最终的输出结果为start:1 2 3 4 5。

2 判断题

16. 错误【解析】表达式20-15%8/3的计算步骤如下：先进行求余运算15%8，结果为7；再进行除法运算7/3，结果为2；最后进行减法运算20-2，结果为18。因此，表达式的值为18，而不是17。

17. 正确【解析】考查C++语言的有关概念。C++语言是一门高级程序设计语言。

18. 错误【解析】break语句能用在循环（如for、while、do...while）和switch语句中。

19. 正确【解析】考查continue语句的作用。continue语句用于跳过当前循环的剩余部分，并立即开始下一次循环的迭代。

20. 错误【解析】%d是printf()和scanf()函数中用来控制格式的格式控制符，对于C++语言的cin和cout并不适用，所以该语句执行后的输出结果为%d and %d22。

21. 错误【解析】float是单精度浮点型，double是双精度浮点型，题目说法错误，double类型的精度要比float类型的精度高。

22. 错误【解析】正确结果是7，因为整数除法结果也是整数。

23. 错误【解析】前一个表达式的结果为true，后一个表达式的结果为false。

24. 正确【解析】第一次!操作会将 flag 的值取反，如果 flag 是 true 则变为 false，如果是 false 则变为 true。第二次!操作会再次取反，因此最终结果会和原始的 flag 值相同。

25. 错误【解析】C++语言的变量命名只能由字母、数字、下画线组成，并且数字不能作为开头，同时需要避开 C++ 的关键字。

3 编程题

26.【解析】

1. 题目要求计算排队中看不到菜单的人数。根据题意，一个人如果前面有比他高的人，那么就看不到菜单。

2. 首先需要读取队伍中的人数 n，然后依次读取每个人的身高 x。

3. 为了判断每个人是否能看到菜单，需要从前往后遍历队伍，记录当前这个人前面所有人中的最高身高。如果当前这个人的身高小于该最高身高值，则他看不到菜单。

4. 使用一个变量 cur 记录当前这个人前面所有人中的最高身高，初始化为 0。

5. 使用一个计数器 cnt 记录看不到菜单的人数，初始化为 0。

6. 从队伍的第一个人开始向后遍历，如果当前人的身高小于 cur，则 cnt 加 1；否则，更新 cur 为当前人的身高。

7. 最后输出 cnt，即为看不到菜单的人数。

【代码实现】

```
1   #include <cstdio>
2   int main()
3   {
4       int n;
5       scanf("%d", &n);
6       int cur = 0, x, cnt = 0;
7       for (int i = 0; i < n; i++)
8       {
9           scanf("%d", &x);
10          if (x >= cur)
11          {
12              cur = x;
13          }
14          else
15          {
16              cnt++;
17          }
18      }
19      printf("%d\n", cnt);
20      return 0;
21  }
```

27.【解析】

1. 题目要求统计整数 n 中数字 k 出现的次数。

2. 首先需要读取输入的两个整数 n 和 k。

3. 为了统计 k 在 n 中出现的次数，可以逐位检查 n 的每一位数字。

4. 通过取模(%)操作可以获取 n 的个位数字，然后通过整除(/)操作去掉个位数字，继续检查下一位。

5. 使用一个计数器 count 记录 k 出现的次数，初始值为 0。

6. 每次获取 n 的个位数字后，判断它是否等于 k，如果等于，则 count 加 1。

7. 当 n 为 0 时，说明已经检查完所有位，最后输出 count。

【代码实现】

```
1   #include <cstdio>
2   int main() {
3       int n, k;
4       scanf("%d %d", &n, &k);
5       int count = 0;
6       while (n > 0) {
7           int digit = n % 10;
8           if (digit == k) {
9               count++;
10          }
11          n /= 10;
12      }
13      printf("%d\n", count);
14      return 0;
15  }
```

GESP 二级模拟卷 1 解析

1 选择题

1. D【解析】本题考查计算机基础。A 项正确，CPU 确实是计算机的核心部件，负责处理所有的计算和指令执行。B 项正确，内存（RAM）是易失性存储器，它存储的是当前正在运行的程序和临时数据，断电后数据会丢失。C 项正确，硬盘（HDD）是计算机的非易失性存储设备，用于长期存储数据，即使在断电后数据也不会丢失。D 项错误，硬盘（HDD）的读写速度通常比内存（RAM）慢得多。内存的访问速度要远远快于硬盘，这也是为什么计算机会使用内存存储当前正在使用的数据，以提高处理速度。

2. C【解析】本题考查对流程图的理解，以及循环结构中的 do....while 循环。流程图语句块会无条件执行一次，之后依据条件判断是否重复执行语句块，以符合 do...while 循环的特点。

3. A【解析】本题考查循环结构与 C++关键字。A 选项，break（中断、跳出）用在 switch 语句或者循环语句中。程序遇到 break 后，即跳过该程序段，继续后面的语句执行，并不表示循环结构。B / C / D 选项，都是表示循环结构的关键字。

4. D【解析】本题考查循环结构与自增运算符。题目循环输出 0 1 2 3 4 5 6 7 8 9。A / B / C 选项，都能得到与题目相同的输出。D 选项，由于是 ++i，所以输出为 1 2 3 4 5 6 7 8 9 10。

5. B【解析】本题考查分支结构与逻辑运算。A 选项，正确的输出为 2；C 选项，正确的输出为 1；D 选项，正确的输出为 4。因此，正确答案选择 B 选项。

6. A【解析】本题考查循环结构，可以考虑将选项带入其中。第 1 行有 7 个字母，且外层循环 i=0，因此内层循环的条件为 j < n - i。

7. B【解析】本题考查质数的概念。该段代码的逻辑是，通过计数 1～N 有多少个 N 的因子来判断是否为质数。只有当 N 为质数时，其因子个数才为 2；所以横线处应填写 cnt++以实现对因子个数的计数功能。

8. C【解析】本题考查类型转换与 ASCII 码。提示中给出了'A'和'a'的 ASCII 码值，观察到其差为 32。括号表达式('A' + 35)的值为 65+35=100，数值 100 又被强制转换为 char 类型，且'a'的 ASCII 值为 97，那么 ASCII 值为 100 对应的字符，实际为'a'往后数 3 个字母，即为字符'd'。

9. C【解析】本题考查循环结构与分支结构。注意到 if 语句条件为 i==j&&i*j%2，即当 i 和 j 相等且 i*j 为奇数时，执行 cnt++语句。只有奇数*奇数的结果才为奇数，因此只有 10 种情况。

10. D【解析】本题考查循环结构。在 if 语句条件中，当 i 为 5 且 j 为 0 时，会结束内层循环。外层循环变量 i 的取值为 10,9,8, … ,1，因此，cnt++语句共执行了 10+9+8+7+6+0+4+3+2+1=50 次。

11. A【解析】本题考查循环结构。想要实现通过循环计数 N 为几位数，需要一位一位地通过 N /= 10 舍去一位。

12. C【解析】本题考查数学函数。Abs()函数为绝对值函数，abs(-8)的结果为 8；max()函数为最大值函数，max(8, 7)的结果为 8；min()函数为最小值函数，min(8, 10)的结果为 8。

13. A【解析】本题考查浮点数的计算。1.0/4 的结果为 double 类型的 0.25，且 9.99 - 0.25 = 9.74。

14. D【解析】本题考查循环结构。由于变量 i 为循环外部变量，所以在内层循环对变量 i 进行修改的时候，会影响外层循环。故正确的输出为 3 4 5 6 7 8 9。

15. A【解析】本题考查循环结构。A 选项错误，范围不可以更改为 i<=n。如果更改为 i<=n，则导致每一次循环结束时，flag 变量总为 false，使得程序出错。

2 判断题

16. 错误【解析】本题考查 C++的命名规范；变量命名规则：变量名可以由数字、字母、下画线组成，数字不可以作为开头，应避开 C++中已经使用的关键字。

17. 正确【解析】本题考查逻辑运算。a 为假，b 为假，表达式 1 为真，表达式 2 为真。a 为假，b 为真，表达式 1 为真，表达式 2 为真。a 为真，b 为假，表达式 1 为真，表达式 2 为真。a 为真，b 为真，表达式 1 为假，表达式 2 为假。

18. 正确【解析】本题考查循环结构。当 for 循环内表达式为空，则等价于 while(1)，都是死循环的一种表达方式。

19. 错误【解析】本题考查 ASCII 码。只有大写字母 + 大小写字母 ASCII 码的差，才能转换为对应小写字母。

20. 错误【解析】本题考查类型转换。int(5.5)的结果为 5，表达式结果为 9.5。

21. 错误【解析】本题考查循环结构。满足一位上为 3 的倍数的数，应包括 3、6、9 三个数，故 if 语句条件不正确。

22. 正确【解析】本题考查循环结构。由于 while 语句条件执行了 n--，故不会输出 5，只会输出 3 1。

23. 错误【解析】本题考查 C++关键字。printf 不是 C++的关键字。

24. 正确【解析】本题考查循环结构。当 i*j 为奇数时，执行 cnt++语句。模拟 i 和 j 的取值，最终符合条件的只有 15 种情况，输出结果 15。

25. 错误【解析】本题考查循环结构。do…while 循环和 while 循环可以相互转换。

3 编程题

26.【解析】题目要求构造一个 N×(2N-1)的 M 字矩阵，矩阵的规则如下：

1. 第一列和最后一列都是*。

2. 从第一行第一列到最后一行中间列的对角线是*。

3. 从最后一行中间列到第一行第 2N-1 列的对角线是*。

4. 其余位置都是-。

为了实现这个矩阵，我们需要：

1. 确定矩阵的大小为 N×(2N-1)。

2. 使用嵌套循环遍历矩阵的每个位置。

3. 根据上述规则判断每个位置的字符是*还是-。

【代码实现】

```
1  #include <cstdio>
2  int main() {
3      int N;
4      scanf("%d", &N);
5      int width = 2 * N - 1;
6      for(int i = 0; i < N; i++) {
7          for(int j = 0; j < width; j++) {
8              if(j==0 || j==i || j==width-i-1 || j==width-1){
9                  printf("*");
10             } else {
11                 printf("-");
12             }
13         }
14         printf("\n");
15     }
16     return 0;
17 }
```

27.【解析】题目要求判断给定的 n 个数字是否为回文数。回文数是指一个数字从左到右读和从右到左读是相同的。为了判断一个数字是否为回文数，可以将数字反转后与原数字进行比较。如果反转后的数字与原数字相同，则该数字是回文数。

1. 首先读取一个正整数 n，表示需要判断的数字个数。然后逐个读取每个数字 ai。

2. 对于每个数字 ai，将其反转。反转的方法是：从最低位开始逐位提取数字，然后将其乘 10 再加上末尾位。

3. 比较反转后的数字与原数字是否相等。如果相等，输出 Yes；否则，输出 No。

【代码实现】

```
1  #include <cstdio>
2  int main() {
3      int n;
4      scanf("%d", &n);
5      for (int i = 0; i < n; i++) {
6          int a;
7          scanf("%d", &a);
8          int original = a;
9          int reversed = 0;
10         while (a > 0) {
11             reversed = reversed * 10 + a % 10;
12             a /= 10;
13         }
14         if (original == reversed) {
15             printf("Yes\n");
16         } else {
17             printf("No\n");
18         }
19     }
20     return 0;
21 }
```

GESP 二级模拟卷 2 解析

1 选择题

1.A【解析】本题考查变量命名规范。根据变量的命名规则：1.只能包含大小写字母、数字、下画线；2.必须以大小写字母或者下画线开头；3.不能使用C++的指令或关键字。A选项的变量名包含连字符'-'，不符合C++变量的命名规则。因此，正确答案选择A选项。

2. C【解析】本题考查流程图的阅读与逻辑运算符。逻辑与（&&）运算符的判断顺序为：先判断左侧是否为真，若左侧为真，再判断右侧是否为真。注意，在C++语言中非零值为真，则!a为假，不会执行b++语句，正确输出为-10。

3. B【解析】本题考查循环结构。注意到第一个=号前并没有#号，所以当i=0时，内层循环不会执行。A选项，当i=0时，内层循环执行1次，会输出1个#号。C选项，当i=4时，内层循环会执行3次，会输出3个#号。D选项，循环步进语句为j+1，故内层循环为死循环，会一直输出#号。

4. B【解析】本题考查质数的判断。对于一个质数的判断，逻辑为默认这个数是质数，之后在2～n-1的范围寻找是否有n的因子，若有，则证明不是质数，改flag为false；若没有，则证明是质数，flag值不变，还为true。

5. D【解析】本题考查循环结构和求模运算符。当i=0时，求模运算符右侧操作数为0，会导致程序出错。

6. D【解析】本题考查循环结构，枚举i和j的每个状态。

当i=0时，内层循环条件不成立。

当i=1时，内层循环变量j取值为1，cnt++执行1次。

当i=2时，内层循环变量j取值为1、2，cnt++执行2次。

当i=3时，内层循环变量j取值为1、2、3，cnt++执行2次。

当i=4时，内层循环变量j取值为1、2、3、4，cnt++执行3次。

当i=5时，内层循环变量j取值为1、2、3、4、5，cnt++执行2次。

当i=6时，内层循环变量j取值为1、2、3、4、5、6，cnt++执行4次。

当i=7时，内层循环变量j取值为1、2、3、4、5、6、7，cnt++执行2次。

当i=8时，内层循环变量j取值为1、2、3、4、5、6、7、8，cnt++执行4次。

当i=9时，内层循环变量j取值为1、2、3、4、5、6、7、8、9，cnt++执行3次。本质上是在寻找1～9每个数的因子个数。cnt++总共执行1+2+2+3+2+4+2+4+3=23次，最终输出cnt的值为23。

7. B【解析】本题考查分支结构。对于n%2的结果判断n为奇数还是偶数。若结果为0，则为偶数；若结果为1，则为奇数；同时对应的case语句结束需要有break语句，防止出现贯穿现象。

8. A【解析】本题考查逻辑运算。在C++语言中，0被视为假，因此表达式(5%2&&!0)为真，输出该表达式的数值形式为1。

9. C【解析】本题考查循环结构。本题强调不要只看程序缩进，注意到for循环结束有个分号，则程序只会输出一个数k。初始状态i=0，j=0，k=0；第一次循环结束后，i=1，j=7，k=8；第二次循环结束后，i=2，j=4，k=6；第三次循环结束后，i=3，j=1，k=4；第四次循环条件不成立，循环结束。

10. D【解析】本题考查循环结构和类型转换。计算ch+i会导致数据类型上升为int类型，故不会输出字符，A/C选项排除。由于循环的步进语句为i+=2，则正确的输出为65 67 69 71 73。

11. B【解析】本题考查数学函数的使用，并由内而外处理该表达式。min(-3,4)的结果为-3，max(-3,9)的结果为9，sqrt(9)的结果为3，最终ans的值为3。

12. A【解析】本题考查闰年判断。闰年分为两种：1.普通闰年，能被4整除，且不能被100整除的年份。2.世纪闰年，能被400整除的年份。由于2000能被400整除，因此2000是世纪闰年，自然也是闰年。

13. C【解析】本题考查循环取尾数操作。首先，取尾数应该为n%10，此时结果为正整数n的最后一位，然后通过模2的结果判断其是奇数还是偶数。通过第10行n/=10操作舍去已经判断过的末尾数。

14. B【解析】本题考查逻辑运算。注意a++操作参与逻辑运算的顺序，应该为先参与逻辑运算，之后执行自增。A选项，输入0 0，输出3；C选项，输入1 0，输出1；D选项，输入1 1，输出3。

15. B【解析】本题考查C++关键字。cin是C++

语言中的标准输入流对象，并不是C++的关键字。

2 判断题

16. 错误【解析】本题考查变量命名规范。根据变量的命名规则：数字不可以作为开头。

17. 错误【解析】本题考查类型转换。int(3.5)会将 double 类型数值强制转换为 int 类型，结果为3；int('0')字符'0'被强制转换为 int 类型，结果应为其 ASCII 值，为48。最终结果为 $3 + 48 = 51$。

18. 错误【解析】本题考查循环结构。当循环条件本身不成立时，由于 do-while 循环会无条件执行一次循环体，而 while 循环的循环体不会执行，所以循环条件相同时，两个循环的执行次数不一定相同。

19. 正确【解析】本题考查循环结构。当循环初始值和循环步进语句相同时，for(; i < n;)与 while(i < n)完全等价，执行次数相同。

20. 正确【解析】本题考查基本运算符。对于一个三位数，这两个表达式求的都是其十位数上的数字，故两个表达式等价。

21. 错误【解析】本题考查字符类型。char 类型并不能存储任何字符，例如中文字符。char 类型只适用于存储 ASCII 表中的字符。

22. 错误【解析】本题考查浮点数类型。在 C++ 语言中，对于小数，若没有指明类型，则默认为 double 类型。

23. 正确【解析】本题考查循环结构。n=1这个赋值表达式的返回值是赋值运算符右侧的值。所以循环条件一直为真，导致循环变为死循环。

24. 错误【解析】本题考查逗号运算符。逗号运算符返回最后一个表达式的值。

依次执行 b+1，b 的值不变，为3；执行 b++，b 的值变为4；执行 ++b，先自增后运算，b 的值变为5，然后返回 b 的值。

25. 正确【解析】本题考查 break 语句的作用。break 语句有两个作用：在循环中，用于终止循环，或者跳出内层循环。在 switch 分支语句中，用于终止分支，防止 case 穿透现象的出现。

3 编程题

26.【解析】题目要求计算斐波那契数列的第 n 个数字。斐波那契数列的定义是：前两个数字都是

1，之后的每个数字都是前两个数字的和。为了计算第 n 个数字，可以使用迭代的方法，从第一个数字开始，逐个计算直到第 n 个数字。

1. 首先读取一个正整数 T，表示需要计算 T 次。然后逐个读取每个 n，表示需要计算第 n 个斐波那契数。

2. 使用两个变量 a 和 b 分别表示当前和前一个斐波那契数，初始值都为1。通过迭代计算，直到第 n 个斐波那契数。

3. 对于每个 n，输出计算得到的第 n 个斐波那契数。

【代码实现】

```
1  #include <cstdio>
2  int main() {
3      int T;
4      scanf("%d", &T);
5      for (int i = 0; i < T; i++) {
6          int n;
7          scanf("%d", &n);
8          int a = 1, b = 1;
9          for (int j = 3; j <= n; j++) {
10             int temp = a + b;
11             a = b;
12             b = temp;
13         }
14         if (n == 1 || n == 2) {
15             printf("1\n");
16         } else {
17             printf("%d\n", b);
18         }
19     }
20     return 0;
21 }
```

27.【解析】题目要求在给定的区间[a,b]内找出所有的回文质数，并按从小到大的顺序输出。回文质数是指既是质数又是回文数的数。

1. 读取两个整数 a 和 b，表示区间范围。

2. 对于每个数 n，将其反转后与原数进行比较。如果反转后的数与原数相同，则 n 是回文数。

3. 对于每个回文数 n，检查其是否为质数。质数的定义是只有1和它本身两个正因数。

4. 若为回文质数，则输出；否则什么也不做。

【代码实现】

```
1   #include <cstdio>
2   #include <cmath>
3   int main()
4   {
5       int a, b;
6       scanf("%d%d", &a, &b);
7       for(int i = a; i <= b; i++)
8       {
9           int temp = i;
10          int newnum = 0;
11          bool ispalindrome = false;
12          while(temp > 0)
13          {
14              newnum = newnum * 10 + temp % 10;
15              temp /= 10;
16          }
17          if(newnum == i)
18              ispalindrome = true;
19          if(ispalindrome)
20          {
21              bool isprime = true;
22              for(int j = 2; j <= sqrt(i); j++)
23              {
24                  if(i % j == 0)
25                  {
26                      isprime = false;
27                      break;
28                  }
29              }
30              if(isprime)
31                  printf("%d\n", i);
32          }
33      }
34      return 0;
35  }
```